《环境经济核算丛书》编委会

"十一五"国家重点图书出版规划

环 境 经 济 核 算 丛 书

中国环境经济核算研究报告 2004

Chinese Environmental and Economic
Accounting Report 2004

王金南　曹　东　於　方　蒋洪强　高敏雪　著

中国环境科学出版社·北京

图书在版编目（CIP）数据

中国环境经济核算研究报告 2004/王金南等著. —北京：中国环境科学出版社，2009.7
（"十一五"国家重点图书出版规划 环境经济核算丛书）
ISBN 978-7-80209-903-6

Ⅰ. 中… Ⅱ. 王… Ⅲ. 环境经济—经济核算—研究报告—中国 Ⅳ. F222.33

中国版本图书馆 CIP 数据核字（2008）第 190265 号

策　　划　陈金华
责任编辑　陈金华
责任校对　刘凤霞
封面设计　龙文视觉

出版发行　中国环境科学出版社
　　　　　（100062 北京崇文区广渠门内大街 16 号）
　　　　　网　　址：http://www.cesp.com.cn
　　　　　联系电话：010-67112765（总编室）
　　　　　发行热线：010-67125803
印　　刷　北京中科印刷有限公司
经　　销　各地新华书店
版　　次　2009 年 7 月第 1 版
印　　次　2009 年 7 月第 1 次印刷
开　　本　787×960　1/16
印　　张　9.5
字　　数　125 千字
定　　价　25.00 元

以科学和宽容的态度对待"绿色 GDP"核算

（代总序）

  自 1978 年中国改革开放 30 年来，中国的 GDP 以平均每年 9.8% 的高速度增长，中国创造了现代世界经济发展的奇迹。但是，西方近 200 年工业化产生的环境问题也在中国近 20 年期间集中爆发了出来，环境污染正在损耗中国经济社会赖以发展的环境资源家底，社会经济的可持续发展面临着前所未有的压力。严峻的生态环境形势给我们敲起了警钟：模仿西方工业化的模式，靠拼资源、牺牲环境发展经济的老路是走不通的。在这种形势下，中国政府高屋建瓴、审时度势，提出了坚持以人为本、全面、协调、可持续的科学发展观，以科学发展观统领社会经济发展，走可持续发展道路。

（一）

  实施科学发展亟待解决的一个关键问题是，如何从科学发展观的角度，对人类社会经济发展的历史轨迹、经济增长的本质及其质量做出科学的评价？国内生产总值（GDP）作为国民经济核算体系(SNA) 中最重要的总量指标，被世界各国普遍采用以衡量国家或地区经济发展总体水平，然而传统的国民经济核算体系，特别是作为主要指标的 GDP 已经不能如实、全面地反映人类社会经济活动对自然资源的消耗和生态环境的恶化状况，这样必然会导致经济发展陷入高耗能、高污染、高浪费的粗放型发展误区，从而对人类社会的可持续发展产生负面影响。为此，1970 年代以来，一些国外学者开始研究修改传统的国民经济核算体系，提出了绿色 GDP 核算、绿色国民经济核算、综合环境经济核算。一些国家和政府组织逐步开展了绿色 GDP 账户体系的研究和试算工作，并取得了一定的进展。在这期间，中国学者也作了一些开拓性的基础性研究。

  中国在政府层面上开展绿色 GDP 核算有其强烈的政治需求。这也是中国独特的社会政治制度、干部考核制度和经济发展模式所决定的。胡锦涛总书记在 2004 年中央人口资源环境工作座谈会上就指出："要研究绿色国民经济核算方法，探索将发展过程中的资源消耗、环境损失和环境效益纳入经济发展水平的评价体系，建立和维护人与自然相对平衡的关系。"2005 年，国务院《关于落实科学发展观加强环境保护的决定》中也强调指出："要加快推进绿色国民经济核算体系的研究，建立科学评价发展与环境保护成果的机制，完善经济发展评价体系，将环境保护纳入地方政府和领导干部考核的重要内容。"2007 年，胡锦涛总书记在中国共产党的十七大报告中又指出，我国社会经济发展中面临的突出问题就是"经济增长的资源环境代价过大"。所有这些都说明了开展绿色 GDP 核算的现实需求，要求有关部门和研究机构从区域和行业出发，从定量货币化的角度去核算发展的资源环境代价，告诉政府和老百姓"过大"资源环境代价究竟有多大。

在这样一个历史背景下，原国家环保总局和国家统计局于 2004 年联合开展了"综合环境与经济核算（绿色 GDP）研究"项目。由环境保护部环境规划院、中国人民大学、环境保护部环境与经济政策研究中心、中国环境监测总站等单位组成的研究队伍承担了这一研究项目。2004 年 6 月 24 日，原国家环保总局和国家统计局在杭州联合召开了"建立中国绿色国民经济核算体系"国际研讨会，国内外近 200 位官员和专家参加了研讨会，这是中国绿色 GDP 核算研究的一个重要里程碑。2005 年，原国家环保总局和国家统计局启动并开展了 10 个省市区的绿色 GDP 核算研究试点和环境污染损失的调查。此后，绿色 GDP 成了当时中国媒体一个脍炙人口的新词和热点议题。如果你用谷歌和百度引擎搜索"Green GDP"和"绿色 GDP"，就可以迅速分别找到 106 万篇和 207 万篇相关网页。这些数字足以证明社会各界对绿色 GDP 的关注和期望。

（二）

2006 年 9 月 7 日，原国家环保总局和国家统计局两个部门首次发布了中国第一份《中国绿色国民经济核算研究报告 2004》，这也是国际上第一个由政府部门发布的绿色 GDP 核算报告，标志着中国的绿色国民经济核算研究取得了阶段性和突破性的成果。2006 年 9 月 19 日，全国人大环境与资源委员会还专门听取了项目组关于绿色 GDP 核算成果的汇报。目前，以环境保护部环境规划院为代表的技术组已经完成了 2004 年到 2007 年期间共四年的全国环境经济核算研究报告。在这期间，世界银行援助中国开展了"建立中国绿色国民经济核算体系"项目，加拿大和挪威等国家相继与国家统计局开展了中国资源环境经济核算合作项目。中国的许多学者、研究机构、高等学校也开展了相应的研究，新闻媒体也对绿色 GDP 倍加关注，出现了大量有关绿色 GDP 的研究论文和评论，成为了近几年的一个社会焦点和环境经济热点，但也有一些媒体对绿色 GDP 核算给予了过度的炒作和过高的期望。总体来看，在有关政府部门和研究机构的共同努力下，中国绿色国民经济核算研究取得了可喜的成果，同时，这项开创性的研究实践也得到了国际社会的高度评价。在第一份《中国绿色国民经济核算研究报告 2004》发布之际，国外主要报刊都对中国绿色 GDP 核算报告发布进行了报道。国际社会普遍认为，中国开展绿色 GDP 核算试点是最大发展中国家在这个领域进行的有益尝试，也表现了中国敢于承担环境责任的大国形象，敢于面对问题、解决问题的勇气和决心。

但是，2004 年度中国绿色 GDP 核算研究报告的成功发布以及后续 2005 年度研究报告的发布"流产"激起了国内外对中国绿色 GDP 项目的热烈喝彩，也受到了一些官员和专家的质疑。一些官员对绿色 GDP 避而不谈甚至"谈绿色变"，认为绿色 GDP 的说法很不科学，也没有国际标准和通用的方法。特别是 2007 年年初环境保护部门与统计部门的纷争似乎表明，中国绿色 GDP 核算项目已经"寿终正寝"。但是，现实的情况是绿色 GDP 核算研究没有"夭折"，国家统计局正在尝试建立中国资源环境核算体系，在短期，可以填补绿色核算的缺位，在长期，则可以为未来实施绿色核算奠定基础。

从概念的角度看，绿色 GDP 的确是媒体、社会的一种简化称呼。绿色 GDP 核算不等于绿色国民经济核算。绿色国民经济核算提供的政策信息要远多于绿色 GDP 本身包涵的信息。科学的、专业的说法应该称作"绿色国民经济核算"或者国际上所称的"综合环境与经济核算"。但我们对公众没有必要去苛求这种概念的差异，公众喜欢叫"绿色 GDP"没有什么不好。这就像老百姓一般都习惯叫 GDP 一样，而没有必要让老百姓去理解"国民经济核算体系"。在国际层面，联合国统计署分别于 1993 年、2000 年和 2003 年发布了《综合环境与经济核算（简称 SEEA）》三个版本。这些指南专门讨论了绿色 GDP 的问题。因此，《环境经济核算丛书》（以下简称《丛书》）也没有严格区分绿色 GDP 核算、绿色国民经济核算、资源环境经济核算的概念差异。

绿色 GDP 的定义不是唯一的。根据我们的理解，本《丛书》所指的绿色 GDP 核算或绿色国民经济核算是一种在现有国民核算体系基础上，扣除资源消耗和环境成本后的 GDP 核算这样一种新的核算体系。绿色 GDP 可以一定程度上反映一个国家或者地区真实经济福利水平，也能比较全面地反映经济活动的资源和环境代价。我们的绿色 GDP 核算项目提出的中国绿色国民经济核算框架，包括资源经济核算、环境经济核算两大部分。资源经济核算包括矿物资源、水资源、森林资源、耕地资源、草地资源等等。环境核算主要是环境污染和生态破坏成本核算。这两个部分在传统的 GDP 里扣除之后，就得到我们所称的绿色 GDP。很显然，我们目前所做的核算仅仅是环境污染经济核算，而且是一个非常狭义的、附加很多条件的绿色 GDP 核算。即使这样，它在反映经济活动的资源和环境代价方面，仍然发挥着重要作用。很显然，这种狭义的绿色 GDP 是 GDP 的补充，是依附于现实中的 GDP 指标的。因此，如果有一天，全国都实现了绿色经济和可持续发展，地方政府政绩考核也不再使用 GDP，那么即使这种非常狭义的绿色 GDP 也都将失去其现实意义。那时，绿色 GDP 将是真正地"寿终正寝"，离开我们的 GDP 而去。

（三）

从科学的意义上讲，我们目前开展的绿色 GDP 核算研究最后得到的仅仅是一个"经环境污染调整后的 GDP"，是一个局部的、有诸多限制条件的绿色 GDP，是一个仅考虑环境污染扣减的绿色 GDP，与完整的绿色 GDP 还有相当的距离。严格意义上，现有的绿色 GDP 核算只是提出了两个主要指标：一是经虚拟治理成本扣减的 GDP，或者是 GDP 的污染扣减指数；二是环境污染损失占 GDP 的比例。而且，我们第一步核算出来的环境污染损失还不完整，还未包括生态破坏损失、地下水污染损失、土壤污染损失等内容。完全意义上的绿色 GDP 是一项全新的、涉及多部门的工作，既包括资源核算，又包括环境核算，只能由国家统计局组织有关资源和环保部门经过长期的努力才能得到，是一个理想的、长期的核算目标。因此，我们要用一种宽容的、发展的眼光去看待绿色 GDP 核算，也希望大家以宽容的态度对待我们的"绿色 GDP"概念。

由于环境统计数据的可得性、时间的限制、剂量反应关系的缺乏等原因，目前发布的 2004 年度的狭义绿色 GDP 核算和环境污染经济核算还没有包括多项损失核算，如生态破坏损失、土壤和地下水污染损失、噪声和辐射等物理污染损失成本、污染造成的休闲娱乐损失、室内空气污染对人体健康造成的损失、臭氧对人体健康的影响损失、大气污染造成的林业损失，水污染对人体健康造成的损失技术方法有缺陷，基础数据也不支持等。这些缺项需要在下一步的研究工作中继续完善。这也是一种我们应该遵循的不断探索研究和不断进步完善的科学态度。但是，即使有这样多的损失缺项核算，已有的非常狭窄的绿色 GDP 核算结果已经展示给我们一个发人深省的环境代价图景，2004 年狭义的环境污染损失已经达到 5118 亿元，占到全国 GDP 的 3.05%。尽管 2004－2007 年环境污染损失占 GDP 的比例在 3%左右，但环境污染经济损失绝对量依然在逐年上升，表明全国环境污染恶化的趋势没有得到根本控制。

作为新的核算体系来说，中国的绿色 GDP 核算体系建立还刚刚开始。除环境污染核算、森林资源核算和水资源核算取得一定成果外，其他部门核算研究还相对滞后，环境核算中的生态破坏核算也刚刚起步。但需要强调的是，这只是一个探索性的研究项目。既然是研究项目，本身就决定它是探索性的，没有必要非得等到国际上设立一个明确的标准，我们再来开展完整的绿色 GDP 核算。如果有了国际标准，我们就不需要研究了，而是实施操作的问题了。绿色 GDP 核算的启动实施，虽面临着许多技术、观念和制度方面的障碍，但没有这样的核算指标，我们就无法全面衡量我们的真实发展水平，我们就无法用科学的基础数据来支撑可持续发展的战略决策，我们就无法实现对整个社会的综合统筹与协调发展。因此，无论有多少困难和阻力，我们都应当继续研究探索，逐步建立起符合中国国情的绿色 GDP 核算体系。

（四）

《中国绿色国民经济核算研究报告 2004》是迄今为止唯一一次以政府部门名义公开发布的绿色 GDP 核算研究报告。考虑到目前开展的核算研究与完整的绿色 GDP 核算还有相当的差距，为了科学客观和正确引导起见，从 2005 年开始我们把报告名称调整为《中国环境经济核算研究报告》。到目前为止，2005 年、2006 年、2007 年度《中国环境经济核算研究报告》都已经完成，但我们都没有公开发表。这一点也证明了，尽管在制度层面上建立绿色 GDP 核算是一个非常艰巨的任务，但从技术层面看，狭义的绿色 GDP 是可以核算的，至少从研究层面看是可以计算的。之所以至今未能公布最新的研究报告，很大原因在于环境保护部门和统计部门在发布内容、发布方式乃至话语权方面都存在着较大分歧，同时也遇到一些地方的阻力。目前开展的绿色GDP 核算中有两个重要概念，一个是"虚拟治理成本"，一个是"环境污染损失"。这两个概念与 SEEA 关于绿色 GDP 的核算思路是一致的。虚拟治理成本是指把排放到环境中的污染假设"全部"进行治理所需的成本，这些成本可以用产品市场价格给予货币化，可以作为中间消耗从 GDP 中扣减，因此我们称虚拟治理成本占 GDP 的百分点为 GDP 的污染扣减指数。这是统计部门和环保部门都能够接受的一个概念。而环境污染损失是指排放到环境中的所有污染造成环境质量下降所带来的人体健康、经济活动和生态质量等方面的损失，然后通过环境价值特定核算方法得到的货币化损失值，通常要比虚拟治理成本高。由于对环境损失核算方法的认识存在分歧，我们就没有在 GDP 中扣减污染损失，我们叫它为污染损失占 GDP 的比例。这是一种相对比较科学的、认真的做法，也是一种技术方法上的权衡。

中国绿色 GDP 核算研究报告发布的历程证明，在中国真正全面落实科学发展观并非易事。这样一个政府部门指导下的绿色 GDP 核算研究报告的发布都遇到了来自地方政府的阻力。2006 年第一次发布的绿色 GDP 核算研究报告中，并没有提供全国 31 个分省核算数据，而只是概括性地列出了东、中、西部的核算情况。这种做法对引导地方充分认识经济发展的资源环境代价起不到什么作用。但是，我们的绿色GDP 核算是一种自下而上的核算，有各地区和各行业的核算结果。地方对公布全国 31 个省市区的研究核算结果比较敏感。2006 年底，参加绿色 GDP 核算试点的 10 个省市的核算试点工作全部通过了两个部门的验收，但只有两个省市公布了绿色 GDP 核算的研究成果，个别试点省市还曾向原国家环保总局和统计局正式发函，要求不要公布分省的核算结果。地方政府的这种态度变化以及部门的意见分歧使得绿色GDP 核算研究报告的发布最终陷入了僵局。目前，许多地方仍然唯 GDP至上，在这种观念支配下，要在政府层面上继续开展绿色 GDP 核算，甚至建立绿色 GDP 考核指标体系，其阻力之大是可想而知的。

（五）

中国有自己的国情，现在开展的绿色 GDP 核算研究则恰恰是符合中国目前的国情的。尽管目前的绿色 GDP 核算研究，无论在核算框架、技术方法还是核算数据支持和制度安排方面，都存在这样和那样的众多问题，但是要特别强调的是这是新生事物，因此请大家要以包容的、宽容的、科学的态度去对待绿色 GDP 核算研究。尽管我们受到了一些压力，但我们依然在继续探索绿色 GDP 的核算，到目前为止也没有停止过研究。更让我们欣慰的是，这项研究在得到了全社会关注的同时，也得到了社会的认可和肯定。绿色 GDP 核算研究小组获得了 2006 年绿色中国年度人物特别奖，"中国绿色国民经济核算体系研究"项目成果也获得了 2008 度国家环境科学技术二等奖。近几年，一些省市（如四川、深圳等）也继续开展了绿色 GDP 和环境经济核算研究。社会层面上还依然有许多官员和学者在继续呼唤绿色 GDP。

开展绿色国民经济核算研究工作是一项得民心、顺民意、合潮流的系统工程。我们不能认为国际上没有核算标准，我们就裹足不前了。不能认为绿色 GDP 核算会影响地方政府的形象，我们就不公开绿色 GDP 核算的报告。我们应该鼓励大胆探索研究，让中国在建立绿色国民经济核算"国际标准"方面做出贡献。2007 年 7 月，中国青年报社会调查中心与腾讯网新闻中心联合实施的一项公众调查表明：96.4%的公众仍坚持认为"我国有必要进行绿色 GDP 核算"，85.2%的人表示自己所在地"牺牲环境换取 GDP 增长"的现象普遍，79.6%的人认为"绿色 GDP 核算有助于扭转地方政府'唯 GDP'的政绩观"。调查对于"国际上还没有政府公布绿色 GDP 核算数据的先例，中国也不宜公布"和"绿色 GDP 核算理论和方法都尚不成熟，不宜对外发布"的说法，分别仅有 4.4%和 6.7%的人表示认同。2008 年《小康》杂志开展的一项调查表明，90%的公众认为为了制约地方政府用环境换取 GDP 的冲动，应该公开发布绿色 GDP 核算报告。

但是，无论从绿色 GDP 核算制度和体系角度看，还是从核算方法和基础角度看，近期把绿色 GDP 指标作为地方政府政绩考核指标都是不可能的，而且以政府平台发布核算报告也具有一定的局限性。如果把绿色 GDP 核算交给地方政府部门核算，与一些地方的虚假 GDP 核算一样，也会出现虚假的绿色 GDP 核算。因此，建议下一步的绿色 GDP 核算或环境经济核算研究报告以研究单位的研究报告方式出版发行，这既能起到一定的补充作用，也是一种比较稳妥、严谨客观、相对科学的做法。这样既可以排除地方政府部门的干扰，保证研究核算结果的公平公正，也能在一定程度上减轻地方政府部门的压力。经过一定时间的研究探索和全面的试点完善，再把绿色 GDP 核算纳入地方政府的官员政绩考核体系中。大家知道，现有的国民经济核算体系也是经过 20 多年摸索才建立起来的，GDP 核算结果也经常受到质疑，仍处于不断的继续完善之中。同样，绿色 GDP 核算体系的建立也需要一个很长的时间，或许是 20 年甚至 30 年更长的时间。总之，我们都要以科学的、宽容的态度去对待绿色 GDP 核算研究。

（六）

开展绿色 GDP 核算的意义和作用是一个具有争议性的话题。不管如何，绿色 GDP 核算报告发布造成这么大的震动，成为当年地方政府如此敏感的话题，本身就证明绿色 GDP 核算是有用的。绿色 GDP 核算触及到了一些地方官员的痛处，让他们有所顾忌他们的发展模式，这样我们的目的实际上就达到了一半。有触痛说明绿色 GDP 核算研究就还有点用。绿色 GDP 意味着观念的深刻转变，意味着科学发展观的一种衡量尺度。如果一旦能够真正实施绿色 GDP 考核，人们心中的发展内涵与衡量标准就要随之改变，同时由于扣除环境损失成本，也会使一些地区的经济增长"业绩"大大下降。我们认为，通过发布这样的年度绿色 GDP 核算报告，必定会激励各级领导干部在发展经济的同时顾及到环境问题、生态问题和资源问题。不论他们是主动顾忌，还是被动顾忌，只要有所顾忌就好。而且，我们相信随着研究工作的持续开展，他们的观念会从被动顾忌转向主动顾忌，从主动顾忌到主动选择，从而最终促进资源节约和环境友好型社会的发展。

全国以及 10 个省市的核算试点表明，开展绿色 GDP 核算和环境经济核算对于落实科学发展观、促进环境与经济的科学决策具有重要的意义，具体表现在：一是通过核算引导树立科学发展观。通过绿色 GDP 核算，促使地方政府充分认识经济增长的巨大环境代价，引导地方政府部门从追求短期利益向追求社会经济长远利益发展。根据环境保护部环境规划院 2007 年对全国近 100 个市长的调查，有 95.6%的官员认为建立绿色 GDP 核算体系能够促进地方政府落实科学发展观，有 67.6%的官员认为绿色 GDP 可以作为地方政府的绩效考核指标。二是通过核算展示污染经济全景，了解经济增长的资源环境代价。通过实物量核算展示环境污染全景图，让政府找出环境污染的"主要制造者"和污染排放的"重灾区"，对未来环境污染治理重点、污染物总量控制和重点污染源监测体系建设给予确认；通过环境污染价值量核算衡量各行业和地区的虚拟治理成本，明确各部门和地区的环境污染治理缺口和环保投资需求。三是为制定环境政策提供依据。通过各部门和地区的虚拟治理成本核算得到不同污染物的治理费用，通过各地区的污染损失核算揭示经济发展造成的环境污染代价，对于开展环境污染费用效益分析、建立环境与经济综合决策支持系统具有积极的现实意义。核算的衍生成果可以为环境税收、生态补偿、区域发展定位、产业结构调整、产业污染控制政策制定以及公众环境权益的维护等提供科学依据。

正因为如此，绿色 GDP 的研究核算工作才更有坚持的必要。任何重大改革创新，倘若遇有这样那样执行的困难，就放弃正确的大方向而改弦更张，甚至削足适履，那么，整个经济社会发展非但不能进步，相反还会因循守旧而倒退。因此，我们不能以一种功利的态度对待绿色 GDP 核算，不能对绿色 GDP 核算的应用操之过急，更不能简单地认为绿色 GDP 考核就等同于体现科学发展观的政绩考核制度。为了更加科学起见，我们从 2007 年开始，环境经济核算课题组扩展了核算内容，把森林、草地、湿地、土地荒漠化和矿产开发等生态破坏损失的核算纳入环境经济核算体系，把环境主题下的狭义绿色 GDP 核算称为环境经济核算。可能的情况下，准备陆续出版年度《中国环境经济核算研究报告》。同时，国家发改委与环境保护部、国家林业局等部门，从 2009 年开始着手建立中国资源环境统计指标体系。我们也开始探索环境绩效管理和评估制度，运用多种手段来评价国家和地方的社会经济与环境发展的可持续性。

（七）

绿色 GDP 核算是一项繁杂的系统工程，涉及国土资源、水利、林业、环境、海洋、农业、卫生、建设、统计等多个部门，部门之间的协调合作机制亟待建立。多个部门共同开展工作，合作得好，可以发挥各部门的优势；合作不好，难免相互掣肘，工作就难以开展，甚至阻碍这项工作的开展。环境核算需要环保部门与统计部门的合作，森林资源核算需要林业部门与统计部门的合作，矿产资源核算则需国土资源部门与统计部门合作。

绿色 GDP 是具有探索性和创新性的难事，需要统计部门对资源环境核算体系框架的把关，建立相应的核算制度和统计体系。因此，在推进中国的绿色 GDP 核算以及资源环境经济核算领域，统计部门是责无旁贷的"总设计师"。统计部门应在资源、环境部门的支持下，在现有 GDP 核算的基础上设立卫星账户,勇敢地在传统 GDP 上做"减法",核算出传统发展模式和经济增长的资源环境代价,用资源环境核算去展示和衡量科学发展观的落实度。我们欣喜地看到,尽管国家统计部门对绿色 GDP 核算有不同的看法,但没有放弃建立资源环境核算体系的目标,一直致力于建立中国的资源环境经济核算体系。特别是最近两年,国家统计局与国家林业局、水利部、国土资源部联合开展了森林资源核算、水资源核算、矿产资源核算等项目,取得了一些资源部门核算的阶段性成果。目前,水利部门和林业部门已经分别完成了水资源和森林资源核算研究,取得了很好的核算成果。

中国资源环境核算体系制定工作也在进展之中。正如国家统计局马建堂局长在一次《中国资源环境核算体系》专家咨询会议上指出的那样,国家统计局高度重视资源环境核算工作,认为建立资源环境核算是国家从以经济建设为中心转向科学发展的必然选择,统计部门要把资源环境核算作为统计部门学习实践科学发展观的切入点,把资源环境核算作为统计部门落实科学发展观的重要举措,把资源环境核算作为统计部门实践科学发展观的重要标尺,尽快出台《中国资源环境核算体系》和资源环境评价指标体系,逐步规范资源环境核算工作,把资源环境核算最终纳入地方党政领导科学发展的考核体系中。马建堂局长还指出,建立资源环境核算体系是一项非常困难和艰巨的工作,是一项前无古人之事,是一项具有挑战性的工作,不能因为困难而不往前推,不能因为困难而不抓紧做,要边干边发现边试算,要试中搞、干中学。国家统计局正在牵头建立中国资源环境核算体系,根据"通行、开放"的原则,与联合国的 SEEA 接轨,与政府部门的需求和国家科学发展观的需求接轨。建议国家统计局责无旁贷地组织牵头开展这项工作,必要时在统计部门的机构设置方面做出调整,以适应全面落实科学发展观和建立资源环境核算体系的需要。

(八)

绿色 GDP 核算研究是一项复杂的系统政策工程。在取得目前已有成果的过程中,许多官员和专家做出了积极的贡献。通常的做法是,出版这样一套《丛书》要邀请那些对该项研究做出贡献的官员和专家组成一个丛书指导委员会和顾问委员会。限于观点分歧、责任分担、操作程序等限制原因,我们不得不放弃这样一种传统的做法。但是,我们依然十分感谢这些官员和专家的贡献。在这些官员中，前国家统计局李德水局长和国家统计局现任马建堂局长和许宪春副局长对推动绿色 GDP 核算研究做出了积极的贡献。环境保护部潘岳副部长是绿色GDP 的倡议者，对传播绿色 GDP 理念和推动核算研究做出了独特的贡献。毫无疑问，没有这些政府部门的领导、指导和支持，中国的绿色GDP 核算研究就不可能取得目前的进展。正是由于国家统计局的不懈努力，中国的资源环境核算研究才得以继续前进。在此，我们要特别感谢原国家环保总局王玉庆副局长，原国家环保局张坤民副局长，环境保护部周建副部长、万本太总工程师、舒庆司长、赵英民司长、杨朝飞司长、赵建中副巡视员、刘启风巡视员、陈斌巡视员、洪亚雄副司长、尤艳馨副司长、罗毅副司长、刘志全副司长、岳瑞生副司长、陈尚芹副司长、房志处长、李春红处长、贾金虎处长、孙荣庆调研员、刘春艳女士、陈默女士、陈超先生，环境保护部环境规划院邹首民院长，中国环境监测总站魏山峰站长、朱建平副站长，环境保护部外经办庄国泰主任、宋小智副主任、罗高来副主任、王新处长、谢永明高工等做出的贡献。我们要特别感谢国家统计局对绿色国民经济核算研究的有力支持，感谢彭志龙司长、魏贵祥司长、吴优处长、王益煊处长、曹克瑜处长、李锁强处长等对绿色国民经济核算项目的指导和支持。我们要特别感谢国家发改委解振华副主任、朱之鑫副主任、韩永文司长、年勇副司长和丛亮处长等对绿色国民经济核算项目的指导和支持。我们要特别感谢全国人大环境与资源委员会前主任委员毛如柏、叶如棠副主任委员、张文台副主任委员、冯之俊副主任委员以及许建民、陈宜瑜、姜云宝、倪岳峰等委员对绿色 GDP 核算项目的支持和关注。我们要感谢科技、国土资源、林业和水利等部门负责资源核算的官员，特别是科学技术部毕建忠处长、国土资源部唐正国处长和董北平处长、国家林业局徐信俭处长的指导。这些部门的资源核算工作给予了我们绿色 GDP 核算研究小组很大的精神鼓励和技术咨询。

我要特别感谢绿色 GDP 核算的研究小组，其中包括来自 10 个试点省市的研究人员。我们庆幸有这样一支跨部门、跨专业、跨思想的研究队伍，在前后近四年的时间开展了真实而富有效率的调查和研究。尽管我们有时相互也为核算技术问题争论得面红耳赤，但我们大家一起克服种种困难和压力，圆满完成了绿色 GDP 核算研究任务。我们要特别感谢参加绿色 GDP 核算试点研究的北京、天津、重庆、广东、浙江、安徽、四川、海南、辽宁、河北等 10 个省市区以及湖北省神农架林区的环保和统计部门的所有参加人员。他们与我们一样经历过欣喜、压力、辛酸和无奈。他们是中国开展绿色 GDP 核算研究的第一批勇敢的实践者和贡献者。尽管在此不能一一列出他们的名字，但正是他们出色的试点工作和创新贡献才使得中国的绿色 GDP 核算取得了这样丰富多彩的成果，为全国的绿色 GDP 核算提供了坚实的基础和技术方法的验证。

在绿色 GDP 核算研究项目过程中，始终有一批专家学者对绿色 GDP 核算研究给予了高度的关注和支持，他（她）们积极参与了核算体系框架、核算技术方法、核算研究报告等咨询、论证和指导工作，对我们的核算研究工作也给予了极大的鼓励。有些专家对绿色 GDP 核算提出了不同的、有益的、反对的意见，而且正是这些不同意见使得我们更加认真谨慎和保持头脑清醒，更加客观科学地去看待绿色 GDP 核算问题。毫无疑问，这些专家对绿色 GDP 核算的贡献不亚于那些完全支持绿色 GDP 核算的专家所给予的贡献。这两方面的专家主要有中国科学院牛文元教授、李文华院士和冯宗炜院士，中国环境科学研究院刘鸿亮院士和王文兴院士，环境保护部金鉴明院士，中国环境监测总站魏复盛院士和景立新研究员，中国林业科学研究院王涛院士，天则经济研究所茅于轼教授，中国社会科学院郑易生教授、齐建国研究员和潘家华教授，中共中央政策研究室郑新立研究员、谢义亚研究员和潘盛洲研究员，中共中央党校杨秋宝教授，国务院研究室宁吉喆教授和唐元研究员，国务院发展研究中心周宏春研究员和林家彬研究员，中国海洋石油总公司邱晓华研究员，中国人民大学环境学院马中教授和邹骥教授，北京大学萧灼基教授、叶文虎教授、刘伟教授、潘小川教授和张世秋教授，清华大学胡鞍钢教授、魏杰教授、齐晔教授和张天柱教授，国家宏观经济研究院曾澜研究员、张庆杰研究员和解三明研究员，环境保护部政策研究中心夏光研究员、任勇研究员和胡涛研究员，中国农业科学院姜文来研究员，中国科学院王毅研究员和石敏俊研究员，北京林业大学张颖教授，中国环境科学研究院曹洪法研究员、孙启宏研究员和韩明霞博士，中国林业科学研究院江泽慧教授、卢崎研究员和李智勇研究员，卫生部疾病预防控制中心白雪涛研究员，国家统计局统计科学研究所文兼武研究员，农业部环境监测科研所张耀民研究员，国家发改委国际合作中心杜平研究员，国家林业局经济发展研究中心戴广翠研究员，中国水利水电科学研究院甘泓研究员和陈韶君研究员，中国地质环境监测院董颖研究员，中华经济研究院萧代基教授，同济大学褚大建教授和蒋大和教授，北京师范大学杨志峰教授和毛显强教授，北京科技大学袁怀雨教授，北京市宣武区疾病预防控制中心蒋金花等。在此，我们要特别感谢这些专家的智慧点拨、专业指导以及中肯的意见。

中国绿色 GDP 核算研究得到了国际社会的高度关注。世界银行、联合国统计署、联合国环境署、联合国亚太经社会、经济合作与发展组织、欧洲环境局、亚洲开发银行、美国未来资源研究所、世界资源研究所等都积极支持中国绿色 GDP 核算的工作，核算技术组与加拿大、德国、挪威、日本、韩国、菲律宾、印度、巴西等国家的统计部门和环境部门开展了很好的交流与合作。在此，我们要特别感谢联合国统计署 Alfieri Alessandra 处长、联合国环境署 Abaza Hussein 处长和盛馥来博士、世界银行高级副行长林毅夫博士、世界银行谢剑博士、前世界银行驻中国代表处 Andres Liebenthal 主任、经济合作与发展组织 Brendan Gillespie 处长、欧洲环境局 Weber Jean-Louis 处长、挪威经济研究中心 Haakon Vennemo 研究员，美国未来资源研究所 Alan Krupnick 研究员、加拿大联邦统计署 Robert Smith 处长、联合国亚太统计研究所 A. C. Kulshreshtha 先生、2001 年诺贝尔经济学奖得主哥伦比亚大学 JosephE Stiglitz 教授、美国哥伦比亚大学 Perter Bartelmus 教授、加拿大阿尔伯特大学 Mark Anielski 教授、意大利 FEEM 研究中心\ Giorgio Vicini 研究员、世界银行亚太地区部 Magda Lavei 主任、亚洲开发银行 Zhuang Jian 博士、美国环保协会杜丹德博士和张建宇博士等官员和专家的独特贡献。

中国环境科学出版社的陈金华女士对本《丛书》的出版付出了很大的心血，精心组织《丛书》选题和编辑工作，该《丛书》已选入《"十一五"国家重点图书出版规划》。同时，本《丛书》的出版得到了环境保护部环境规划院承担的国家"十五"科技攻关"中国绿色国民经济核算体系框架研究"课题、世界银行"建立中国绿色国民经济核算体系"项目以及财政部预算"中国环境经济核算与环境污染损失调查"等项目的资助。在此，对环境保护部环境规划院和中国环境科学出版社的支持表示感谢。最后，对本《丛书》中引用参考文献的所有作者表示感谢。

（九）

中国绿色 GDP 核算的研究和试点在规模和深度上是前所没有的。虽然许多国家在绿色核算领域已经做了不少工作，但是由于绿色核算在理论和技术上仍有不少问题没有解决，至今没有一个国家和地区建立了完整的绿色国民经济核算体系，只是个别国家和地区开展了案例性、局部性、阶段性的研究。本《丛书》是中国绿色 GDP 核算项目理论方法和试点实践的总结，不论在绿色核算的技术方法上，还是指导绿色核算实际操作上在国内都填补了空白，在国际层面上也具有一定的参考价值。

然而，我们必须清醒地认识到，绿色国民经济核算体系是一个十分复杂而崭新的系统工程，目前我们取得的成绩仅是绿色核算"万里长征"的第一步，在理论上、方法上和制度上还存在许多不足和难点需要我们去不断攻克。我们必须充分认识建立绿色国民经济核算体系的难度，科学严谨、脚踏实地、坚持不懈地去研究建立环境经济核算的核算体系和制度，最终为全面落实和贯彻科学发展观提供环境经济评价工具，为建立世界的绿色国民经济核算体系做出中国的贡献。

为了使得本《丛书》更加科学、客观、独立地反映绿色 GDP 核算研究成果，本《丛书》编辑时没有要求《丛书》每册的选题目标、概念术语、技术方法保持完全的一致性，而是允许《丛书》各册的具有相对独立性和相对可读性。下一步把环境经济核算的最新研究成果陆续加入到本《丛书》中，让更多的人了解并加入到探索中国环境经济核算的队伍中。由于时间限制和水平有限，本《丛书》难免有各种错误或不当之处，我们欢迎读者与我们联系（邮箱wangjn@caep.org.cn），提出批评、给予指正。我们期望与大家一起以一种科学和宽容的态度去对待绿色 GDP 核算，与大家一起继续探索中国的绿色 GDP 核算体系，早日看到绿色 GDP 核算真正成为科学发展观的度量，早日看到体现科学发展观的绿色经济时代的到来。

王金南

2009 年 2 月 1 日

前言

为了树立和落实全面、协调、可持续的发展观，建设资源节约型和环境友好型社会，加快实现"三个转变"，改变传统的 GDP 政绩考核制度，环境保护部（原国家环境保护总局）和国家统计局于 2004 年 3 月联合启动了"综合环境与经济核算（绿色 GDP）研究"，并在 2005 年期间开展了全国 10 个试点省、市的绿色国民经济核算和环境污染经济损失评估调查工作。两个部门主管局长和相关司处领导组成了工作领导小组，同时由环境保护部环境规划院（原国家环保总局环境规划院）和中国人民大学等单位的专家组成了工作技术组，负责建立核算框架体系、开展经环境污染调整的绿色核算，并指导地方开展试点调查和核算工作。

经过近两年的努力，项目技术组设计完成了中国环境经济核算框架，就 2004 年全国 31 个省、市和各产业部门的水污染、大气污染和固体废物污染的实物量进行了核算，分别从虚拟治理成本和环境污染损失的角度对环境污染的价值量进行了核算，并得出了"经环境污染调整的 GDP 核算"结果。

本报告展示了中国首次将环境污染成本纳入 GDP 核算的主要核算结果，报告共包括 7 章，其中，第 1 章简要介绍了环境经济核算总体框架；第 2 章简要介绍了开展 2004 年环境经济核算采用的主要核算方法；第 3 章介绍了 2004 年废水、废气和固体废物的实物量核算结果；第 4 章介绍了 2004 年基于虚拟治理成本法的价值量核算结果；第 5 章介绍了 2004 年基于污染损失法的价值量核算结果；第 6 章介绍了经环境污染调整的 GDP 核算结果；第 7 章对 2004 年的环境经济核算结果进行了系统总结，并对继续开展环境经济核算提出了建议。同时，本报告将 2006 年原国家环境保护总局和国家统计局联合发布的《中国绿色国民经济核算研究报告（公众版）》作为附件呈现给读者。全书由王金南、曹东、於方、蒋洪强和高敏雪编著，赵越、周颖和潘文等参与编写。

核算实践表明，在中国采用虚拟治理成本法核算经环境污染调整的 GDP 是实际可行的，可以在地方统计和环保部门推广使用；运用环境污染损失法核算环境退化成本基本符合中国实际，对于环境经济综合决策具有重要的参考意义，在国家层面上可以采用。为了更好地为政府环境决策管理服务，推动落实科学发展观，项目技术组准备在逐步扩大核算范围和不断完善核算方法的基础上，逐步形成中国环境经济核算报告制度。

本报告核算没有包括大气污染造成的清洁费用增加，地下水污染、土壤污染等也都没有考虑，尤其是缺少污染造成的生态破坏损失的经济核算。因此，有关部门和读者在使用本报告时特请注意。

在本报告的编写过程中，得到了环境保护部（原国家环境保护总局）潘岳副部长、周建副部长、赵英民司长、杨朝飞司长、刘启风巡视员、赵建中副巡视员、房志处长、孙荣庆处长、王新处长、谢永明处长、陈默博士以及时任国家统计局李德水局长、现任国家统计局许宪春副局长、彭志龙司长、吴优处长、王益煊处长对本项研究的指导和帮助。

感谢中国科学院牛文元教授、环境保护部金鉴明院士、过孝民研究员、世界银行高级环境专家谢剑博士、前世界银行驻中国代表处 Andres Liebenthal 主任、北京大学雷明教授、中国环境监测总站傅德黔主任、挪威经济研究中心（ECON）Hakkon Vennemo 研究员对本项研究给予的支持和指导。

作　者

目 录

第 1 章

核算框架

1.1 总体框架

中国环境经济核算体系总体框架由 4 组核算表组成：①环境实物量核算表；②环境价值量核算表；③环境保护投入产出核算表；④经环境调整的绿色 GDP 核算表。其中，环境实物量核算表又由环境污染实物量核算表和生态破坏实物量核算表组成，同样，环境价值量核算表也包括环境污染价值量核算表和生态破坏价值量核算表。环境污染实物量核算与价值量核算还分为各地区与各部门的核算表，而生态破坏实物量核算与价值量核算只分为各地区核算表。总体框架组成如图 1-1 所示。

1.2 2004 年核算内容

2004 年开展的环境经济核算内容由 3 部分组成：①环境实物量核算，分为水污染、大气污染和固体废物实物量核算；②环境价值量核算，分别从治理成本法和污染损失法的角度核算水污染价值、大气污染价值和固体废物污染价值；③经环境污染调整的绿色 GDP 核算。对于环境保护投入产出核算、生态破坏损失的实物量核算和价值量核算的内容本报告暂不考虑。

基于上述核算内容,具体的核算表式(见第 7 章附表 1～附表 20)包括：按部门分的水污染实物量核算表、按地区分的水污染实物量核算表；按部门分的大气污染实物量核算表、按地区分的大气污染实物量核算表；按部门分的固体废物污染实物量核算表、按地区分的固体废物污染实物量核算表、按地区分的生活垃圾污染实物量核算表；按部门分的水污染价值量核算表、按地区分的水污染价值量核算表；按部门分的大气污染价值量核算表、按地区分的大气污染价值量核算表；按部门分的固体废物污染价值量核算表、按地区分的固体废物污染价值量核算表、按地区分的生活垃圾污染价值量核算表；污染物（产业部门）价值核算汇总表（治理成本法）、污染物（地区）价值核算汇总表（治理成本法）；污染物（地区）价值核算汇总表（污染损失成本法）；经环境污染调整的 GDP 地区核算表、经环境污染调整的 GDP 产业部门核算表。

对于环境保护投入产出核算、生态破坏损失的实物量核算和价值量核算的内容本报告暂不考虑。

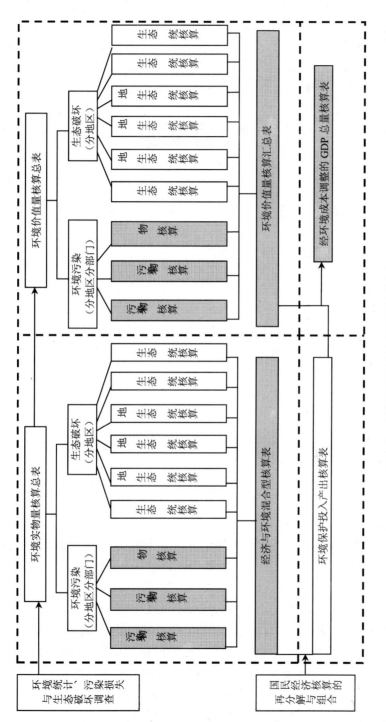

图 1-1 中国环境经济核算体系总体框架

第2章
核算方法和数据来源

2.1 实物量核算

2.1.1 水污染核算

（1）核算范围。种植业、畜牧业、工业行业、第三产业废水和生活废水。

（2）核算对象。废水和废水中的污染物——COD、氨氮、石油类、重金属和氰化物。

（3）核算指标。废水排放量、废水排放达标量、废水排放未达标量以及污染物去除量、排放量和产生量。其中，工业废水核算COD、氨氮、氰化物、石油类4种污染物的产生量、去除量和排放量，以及重金属排放量；畜禽养殖业、种植业和生活废水仅核算COD和氨氮两种污染物的产生量、去除量和排放量。

（4）废水排放量、排放达标量和排放未达标量的核算方法。工业废水排放量以环境统计中各地区的工业废水排放量和各行业的废水排放量结构为基准，并修正排放达标率，进行废水实物量的核算；城市生活废水直接采用环境统计数据；种植业、畜牧业和农村生活废水分别采用耗水系数法、畜禽废水产生系数法和人均综合生活废水产生系数法进行推算。

（5）污染物产生量、去除量和排放量的核算方法。与工业废水排放量的核算方法相对应，以环境统计的实物量数据为基准、进行适当修正后完成工业废水中污染物的核算；城市生活废水污染物直接采用环境统计数据；种植业、畜牧业和农村生活废水污染物分别采用单位污染物源强系数法、畜禽污染物排泄系数法和人均综合生活污染物产生系数法进行推算。

4

（6）数据来源。中国环境统计年报、中国城市建设统计年报、中国和各省水资源公报、中国统计年鉴、中国畜牧业年鉴。

2.1.2 大气污染核算

（1）核算范围。农业、工业行业、第三产业和生活废气。

（2）核算对象。SO_2、烟尘、工业粉尘和 NO_x。

（3）核算指标。工业 SO_2、烟尘、粉尘和 NO_x 的产生量、排放量和去除量，以及第三产业和城市生活 SO_2、烟尘和 NO_x 的产生量、排放量和去除量，农业和农村生活 SO_2、烟尘和 NO_x 的产生排放量。

（4）核算方法。采用环境统计与能源消耗衡算和排放系数相结合的方法。

（5）数据来源。中国环境统计年报、中国城市建设统计年报、中国能源统计年鉴、中国统计年鉴。

2.1.3 固废污染

（1）核算范围。工业行业和城镇生活固体废弃物。

（2）核算对象。一般工业固体废物、工业危险废物和生活垃圾。

（3）核算指标。工业固体废物和危废的产生量、综合利用量、贮存量、处置量和排放量；城市生活垃圾的产生量、卫生填埋量、填埋量、无害化焚烧量、简单处理量和堆放量。

（4）核算方法。一般工业固体废物和危险废物利用环境统计数据，城镇生活垃圾利用城建年报统计数据。

（5）数据来源。中国环境统计年报、中国城市建设统计年报。

2.2 价值量核算

2.2.1 环境污染价值量的核算方法

进行环境污染价值量核算，也就是核算环境污染成本。环境污染成本由污染治理成本和环境退化成本两部分组成。其中，污染治理成本又可分为实际污染治理成本和虚拟污染治理成本。污染实际治理成本是指目前已经发生的治理成本；虚拟治理成本是指将目前排放至环境中的污染物全部处理所需要的成本。环境退化成本是指在目前的治理水平下，生产和消费过程中所排放的污染物对环境功能造成的实际损害。

利用治理成本法计算虚拟治理成本，忽视了排放污染物所造成的环境危害，等于假设治理污染的成本与污染排放造成的危害相等，因此环境污染治理的效益无从体现。因此，从严格的意义上来讲，利用这种虚拟治理成本核算得到的仅是防止环境功能退化所需的治理成本，是污染物排放可能造成的最低环境退化成本，并不是实际造成的环境退化成本。

利用污染损失成本法计算环境退化成本，需要进行专门的污染损失调查，确定污染排放对当地环境质量产生影响的货币价值，从而确定污染所造成的环境退化成本。环境退化成本一般是以地域范围来计算的，它对 GDP 的调整仅限于总量层次，要分解到产生污染排放的各个部门有一定的困难。但从理论上来说，污染损失才是真正的环境退化成本，只有进行污染损失估算才能体现污染治理的效益。

环境污染价值量核算主要包括以下内容：各地区的水污染价值量核算、大气污染价值量核算、工业固体废物污染价值量核算、城市生活垃圾污染价值量核算和污染事故经济损失核算；各部门的水污染价值量核算、大气污染价值量核算、工业固体废物污染价值量核算和污染事故经济损失核算。其中，污染损失成本法仅按地区核算。

2.2.2 实际污染治理成本

（1）工业废水和废气的实际污染治理成本。采用统计数据，数据来源为中国环境统计年报。

（2）畜禽废水、工业固废、城市生活垃圾和生活废气的实际治理成本采用模型核算。实际治理成本的核算在理论上比较简单，为污染物处理实物量与污染物的单位治理运行成本的乘积，计算公式为：实际污染治理成本＝污染物治理（去除）量×单位实际治理成本。

污染物的治理或去除量通过实物量核算获得，因此，该核算的关键是单位治理运行成本的确定。本核算报告中所采用的单位实际治理成本为相关研究和调查数据。

2.2.3 虚拟污染治理成本

计算方法与上述实际污染治理成本的计算方法相同，利用实物量核算得到的排放数据以及单位污染物的虚拟治理成本，计算为治理所有已排放的污染物应该花费的成本。计算公式为：虚拟污染治理成本＝污染物排放量×单位虚拟治理成本。

虚拟污染治理成本的核算难点在于单位虚拟治理成本的确定。考虑到核算的简约性，本核算报告采用的单位虚拟治理成本和单位实际治理成本相同。

2.2.4 环境退化成本

在本报告中，利用污染损失成本法计算得到的被称为环境退化成本。采用这种方法，需要进行专门的污染损失调查，采用一定的技术方法，确定污染排放对当地环境质量产生影响的货币价值，如对产品产量、人体健康、生态环境等的影响，并以货币的形式量化这些影响，从而确定污染所造成的环境退化成本。环境退化成本一般是以地域范围来计算的，它对 GDP 的调整仅限于总量层次，要分解到产生污染排放的各个部门有一定的困难。但从理论上来说，污染损失才是真正的环境退化成本，只有进行污染损失估算才能体现污染治理的效益。

（1）污染经济损失的核算内容。按污染介质来分，本次核算包括大气污染、水污染和固体废弃物污染造成的经济损失；按污染危害终端来分，本次核算包括人体健康经济损失、工农业（种植业、林牧渔业）生产经济损失、水资源经济损失、材料经济损失、土地丧失生产力引起的经济损失和对生活造成影响的经济损失。本次污染经济损失的核算范围见表 2-1。

表 2-1　污染经济损失核算内容

危害终端 / 污染因子	人体健康	种植业	牧业	渔业	土地	水资源	材料	工业	生活[1]
大气污染									
SO$_2$		√					√		
TSP（PM$_{10}$）	√	√							√
酸雨		√					√		
水污染									
饮用水污染	√								
水环境污染		√	√	√				√	√
污染型缺水		√	√	√				√	√
固体废物污染					√				
污染事故	√	√	√	√	√	√	√	√	√

注：[1] 生活指各种形式的污染对生活造成的影响，如大气中灰尘造成的劳务消耗、清洗费用增加以及水污染引起的清洁饮用水消耗和污染型缺水对生活造成的影响，不包括对人体健康造成的危害。由于调查数据尚在整理之中，大气污染对生活的影响暂不核算。

（2）各项污染经济损失的内涵。

➤ 大气污染造成的健康损失：物理终端包括因大气污染造成的城市居民过早死亡人数、呼吸和循环系统住院人数和慢性支气管炎的发病人数，经济损失核算终端包括过早死亡、住院和休工以及慢性支气管炎患者长期患病失能造成的经济损失。

➤ 大气污染造成的农业损失：危害终端为污染区相对于清洁对照区主要农作物产量的减产及其造成的经济损失，农作物包括水稻、小麦、油菜籽、棉花、大豆和蔬菜。

➤ 大气污染造成的材料损失：危害终端为污染条件下材料使用寿命的减少及其造成的经济损失，评价材料包括水泥、砖、铝、油漆木材、大理石/花岗岩、陶瓷和马赛克、水磨石、涂料/油漆灰、瓦、镀锌钢、涂漆钢、涂漆钢防护网和镀锌钢防护网。

➤ 污染型缺水造成的经济损失：指由于污染造成的缺水给工农业生产和人民生活带来的经济损失。

➤ 水污染造成的健康损失：危害终端为农村不安全饮用水覆盖人口的介水性传染病和癌症发病造成的经济损失。

➤ 水污染造成的农业损失：指不符合农业灌溉水质或劣IV类农业用水对种植业和林牧渔业生产造成的减产降质经济损失。

➤ 水污染造成的工业防护费用损失：指工业企业预处理劣IV类工业用水的额外治理成本。

➤ 水污染造成的城市生活经济损失：水污染引起的城市生活经济损失由两部分组成，第一部分为城市生活用水的额外治理成本，第二部分为城市居民因为担心水污染而带来的家庭纯净水和自来水净化装置防护成本。

➤ 固废堆放侵占土地造成的损失：指工业固体废物、城市和农业生活垃圾堆放占地造成的土地机会丧失。

➤ 污染事故造成的损失：指一般环境污染事故造成的直接经济损失和渔业污染事故造成的直接经济损失和渔业资源损失。

（3）数据来源。中国统计年鉴、中国城市统计年鉴、各省统计年鉴、中国城市建设统计年报、中国卫生统计年鉴、全国第三次卫生服务调查研究报告、污染损失调查数据和有关部门的数据资料。

2.3 经环境污染调整的 GDP 核算

将水污染价值量核算、大气污染价值量核算和固体废物污染价值量核算的结果按行业和地区进行汇总，即得到经环境污染调整的绿色 GDP 总量。

核算方法有 3 种：

（1）生产法。EDP＝总产出－中间投入－环境成本。

（2）收入法。EDP＝劳动报酬＋生产税净额＋固定资本消耗＋经环境成本扣减的营业盈余。

（3）支出法。EDP＝最终消费＋经环境成本扣减的资本形成＋净出口。

按照所扣减的环境成本不同，可以分别给出"经污染损失成本调整的 EDP"、"经虚拟治理成本调整的 EDP"、"经生态破坏损失成本调整的 EDP"和"经环境总成本调整的 EDP"等指标。本核算报告给出的是经虚拟治理成本调整的 EDP。

经济总产出、中间投入、最终消费等数据均来源于中国统计年鉴。

第3章
实物量核算结果

3.1 水污染实物量核算结果

3.1.1 结果说明

（1）进行种植业的废水实物量核算时，仅计算流入水体的废水排放量，这里简化认为种植业的废水排放量与废水排放未达标量相等。

（2）城市生活用水由公共服务用水、消防及其他用水和居民家庭用水 3 部分组成，同理，城市生活废水也由这三部分构成，进行核算时，将公共服务产生的废水和消防及其他产生的废水都视为第三产业废水，居民家庭生活排放废水称为城市生活废水，将第三产业废水与城市生活废水之和称为城市大生活废水。

（3）农村生活废水由两部分组成，即农村居民生活废水和散养畜禽废水。与种植业类似，只计算流入水体的废水排放量，简化将农村生活废水排放量与废水排放未达标量视为相等。

（4）由于建筑业基本不产生生产废水，生活废水包括在城市生活废水中，因此，核算第二产业废水时忽略建筑业废水。由于自来水生产供应业的废水产生排放量都很小，因此，第二产业中也不对自来水生产供应业进行核算。

3.1.2 部门核算结果分析

3.1.2.1 第二产业废水排放量居首，城市生活废水未达标排放量位列第一

从 2004 年全国按部门的废水和污染物实物量核算结果来看，第二产业废水排放量最大，为 221.1 亿 t，占全国废水排放量的 36.4%，

其次为城市生活废水，排放量达到 156.5 亿 t，占全国废水排放量的 25.7%；废水排放未达标量比例最高的是第一产业，共计 124.3 亿 t，占全国总量的 33.8%，其次为城市生活废水，未达标量为 118.9 亿 t，占全国总量的 32.3%，如果将第三产业与城市生活废水视为城市大生活废水，则城市大生活废水的未达标量将位列第一，占全国总量的 53.3%。

3.1.2.2 城市大生活废水和农业面源已成为水污染物的主要来源

COD 排放量最大的是城市大生活废水，占总排放量的 39.3%，其次为第二产业，占总排放量的 35.3%，排放量最小的是第一产业，即农业面源废水，占总排放量的 25.4%（表 3-1）。

表 3-1　2004 年全国分部门的废水和主要污染物实物量核算结果

	行业	COD 排放量/t	氨氮 排放量/t	废水/万 t		
				排放量	排放 达标量	排放未 达标量
数量	第一产业	5 347 234	805 099	1 248 150	5 563	1 242 587
	第二产业	7 450 985	518 916	2 211 425	1 738 111	473 314
	第三产业	3 385 008	363 970	1 047 308	274 141	773 167
	城市生活	4 909 741	544 103	1 565 361	376 326	1 189 035
	合计	21 092 968	2 232 088	6 072 244	2 394 141	3 678 103
比例/%	第一产业	25.4	36.1	20.6	0.2	33.8
	第二产业	35.3	23.2	36.4	72.6	12.9
	第三产业	16.0	16.3	17.2	11.5	21.0
	城市生活	23.3	24.4	25.8	15.7	32.3

氨氮排放量最大的是城市大生活废水，占总排放量的 40.7%，其次为第一产业废水，占总排放量的 36.1%，排放量最小的是第二产业，占总排放量的 23.2%。由此可见，氨氮排放的主要来源是城市生活和农业面源污染。

3.1.2.3 造纸和化工两部门仍是工业废水排放的重点行业，处理水平有待提高

各工业行业中废水排放量和排放未达标量列前两位的都是化工和造纸行业，这两个行业的废水排放量和排放未达标量之和分别占总量的 33.3%和 40.4%，其中，由于造纸业的废水排放达标率低于化工行业，虽然其废水排放量低于化工行业，但排放未达标量高于化工行业。

废水排放量排在第 3～6 位的分别是电力、黑色冶金、纺织业和

食品加工业；电力行业的废水排放未达标量位列第 6，而废水排放达标率位列第 1，说明电力行业废水处理水平较高；排放达标率较低的是造纸、食品加工与制造等行业，都在 70%以下，废水排放大户纺织、造纸、化工和食品加工业的废水处理水平都低于全国平均水平 79.9%。

3.1.2.4 各工业行业污染物排放差异显著，重点污染行业治理任务艰巨

工业部门中各项水体污染物位列前 6 位的行业见表 3-2，有色冶金和有色矿采选是重金属排放的绝对大户，两者占总排放量的 55.8%，其次为化工和黑色冶金业；氰化物产生大户化工和黑色冶金行业的排放量也最高，占总排放量的 72.1%；石油开采、石化、黑色冶金和化工是石油类污染物的主要排放行业，四行业占总排放量的 86.5%；化工行业是氨氮产生和排放量的绝对大户，仅化工一个行业的排放量就占工业氨氮总排放量的一半。

表 3-2　2004 年全国工业废水中污染物实物量核算结果

重金属/t		氰化物/t			COD/万 t			石油/t			氨氮/t		
行业	排放量	行业	产生量	排放量	行业	产生量	排放量	行业	产生量	排放量	行业	产生量	排放量
有色冶金	310	化工	6 466	1 225	造纸	715	298	石油	87 322	29 108	化工	505 281	258 657
有色矿	183	黑色冶金	5 853	1 179	食品加工	186	91	石化	151 918	22 392	造纸	60 284	45 795
化工	148	石化	2 155	338	化工	162	72	黑色冶金	58 819	15 964	食品加工	47 201	38 909
黑色冶金	109	有色矿	2 763	276	纺织业	138	48	化工	41 358	10 939	食品制造	74 918	36 027
金属制品	35	金属制品	1 173	103	饮料制造	99	38	医药	11 849	2 733	石化	122 948	29 570
皮革	26	纺织业	412	59	食品制造	80	30	交通设备	10 226	1 782	黑色冶金	53 582	21 385
第二产业	882	第二产业	19 665	3 335	第二产业	1 815	745	第二产业	381 487	90 664	第二产业	998 246	518 916

造纸仍是 COD 的主要贡献行业，其次依次为食品加工、化工、纺织、饮料制造和食品制造，这 6 个行业占总 COD 排放量的 77.5%；各工业行业 COD 排放量情况见图 3-1。

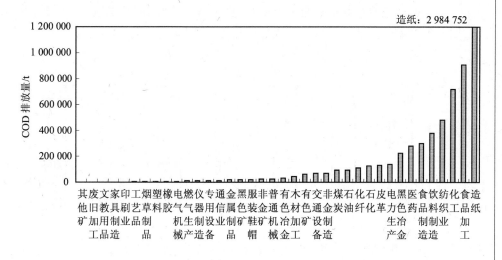

图 3-1　2004 年各工业行业 COD 排放量排序图

3.1.3　地区核算结果分析

3.1.3.1　东部地区 COD、石油、氨氮及废水排放量均排首位

　　表 3-3 是 2004 年全国分地区的废水和主要污染物实物量核算结果。东部地区的废水排放量和排放未达标量比例较高，分别占总量的 50.2%和 44.7%。东、中和西部地区的废水排放达标率分别为 46.1%、31.6%和 34.1%，全国的平均废水排放达标率为 39.4%，见图 3-2。

表 3-3　2004 年全国分地区的废水和水体主要污染物实物量核算结果

地区	污染物排放量/t					废水/万 t		
	重金属	氰化物	COD	石油	氨氮	排放量	排放达标量	排放未达标量
东部	146	1136	18 075 694	35 090	855 535	3 046 937	1 404 325	1 642 612
中部	334	1523	11 580 682	33 134	832 928	1 717 660	543 383	1 174 277
西部	403	677	8 808 437	22 440	543 625	1 307 647	446 433	861 214
合计	882	3335	38 464 813	90 664	2 232 088	6 072 244	2 394 141	3 678 103

　　各项污染物中，西部地区矿产资源丰富，其产业特点决定了它的重金属排放量较大，几乎占全国重金属排放量的一半；中部的氰化物排放量比例最高，也将近占总排放量的 1/2，这和中部地区山西、湖北、湖南、河南和江西几个省以化工、冶金和金属矿采选业为支

柱产业的产业特点有关；东部地区的 COD、石油和氨氮排放量最大，这和东部地区人口比重大、轻化工业发达有关。

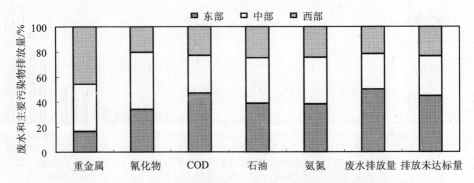

图 3-2 东、中、西部地区的废水和主要污染物排放量比较

3.1.3.2 各地区产业结构不同，废水排放结构有所差异

北京、天津、上海和重庆 4 个直辖市的废水排放构成差异较大，四城市农业废水排放比例均很小，上海和北京的城市生活废水比例远远高于重庆和天津。其他 27 个省级行政区中，山西、青海、陕西、甘肃和宁夏等几个中西部省区农业废水所占比例也较低；江西、海南、云南、广西和湖南等南方省区的农业废水比重均超过 30%；同处南方的广东、浙江、江苏和四川等省农业废水比例相对较小，但这几个省中，废水排放结构也不同，广东省的城市生活废水比例较大，四川省的工业和生活比例基本持平，而其他两省的工业废水排放量比例较大。31 个省、自治区和直辖市的废水排放构成见图 3-3。

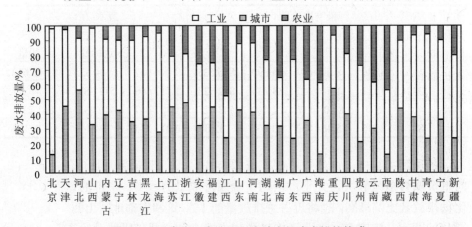

图 3-3 31 个省、自治区和直辖市的废水排放构成

3.1.3.3　各地区废水处理水平参差不齐，城市生活废水处理水平低下

图 3-4 给出了全国 31 个省、自治区和直辖市的废水处理水平，由图可见：

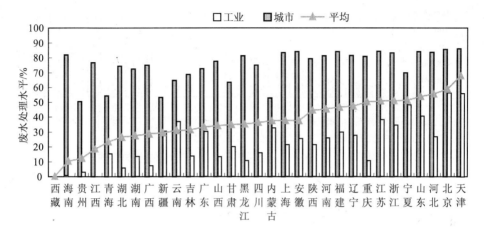

图 3-4　31 个省、自治区和直辖市的废水处理水平

（1）工业废水处理水平普遍高于城市生活废水。全国的工业废水排放达标率已经达到 72.4%，城市生活废水的排放达标率仅有 23%。各省市中，天津市和北京市的平均废水排放达标率较高，贵州、江西等中西部地区和东部地区中的海南省平均废水排放达标率较低。

（2）中西部省份的废水处理率亟待提高。全国只有北京和天津两市的城市污水排放达标率超过 50%，其次为宁夏和山东，超过了 40%，城市污水排放达标率低于 10% 的省份有广西、湖北、贵州、江西、海南和西藏，均来自中西部地区；工业废水排放达标率列前 10 位的省市中，只有安徽来自中部地区，而低于全国平均水平的除广东省外均为中西部地区省份，其中，青海、新疆、内蒙古、贵州和西藏的工业废水排放达标率低于 60%。

3.1.3.4　经济大省其废水和 COD 排放量排序有所差异

分列全国 GDP 总量前 4 位的广东、山东、江苏和浙江 4 省，其废水排放量分列第 1、7、2、4 位，除山东外，其他三省 GDP 与废水排放量排序较为一致；而 COD 排放量四省分列第 3、6、5、10 位，与经济发展水平相比，四省 COD 排放情况明显靠后，与经济发展水平的差异表明，这些地区经济活动在某些污染物上的排放强度要低于其他地区、治理力度要高于其他地区。各地区 COD 排放情况见图 3-5。

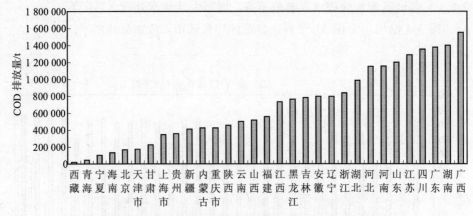

图 3-5　31 个省、自治区和直辖市 COD 排放量排序图

3.2 大气污染实物量核算结果

3.2.1 结果说明

（1）由于目前的环境统计指标中没有 NO_x，因此，采用污染因子排放系数和能源消耗量计算其产生量，并假定所有行业的 NO_x 去除率都为零。

（2）2004 年环境统计 SO_2 的排放量偏低，主要差距在电力和生活，因此，根据能源统计中电力和生活的燃煤量以及 SO_2 排放因子对 SO_2 排放量重新进行了核算，得出的全国 SO_2 排放量比环境统计高 196 万 t。

3.2.2 部门核算结果分析

（1）大气污染物排放主要集中在第二产业。从表 3-4 中 2004 年全国按部门的主要污染物实物量核算结果来看，第二产业废气产生量和排放量都是最大，其中 SO_2 排放 2 185.6 万 t，占全国废气排放量的 89.2%，第一产业 SO_2 排放量占全国废气排放量的 6.3%，第三产业和城市生活 SO_2 排放量仅占全国废气排放量的 4.5%；第二产业烟尘的排放量占全国烟尘总排放量的 81.8%，NO_x 的排放量占全国 NO_x 排放量的 80.0%。

表 3-4 按部门分的大气污染实物量核算表

行业	SO$_2$/万 t		烟尘/万 t		工业粉尘/万 t		NO$_x$/万 t	
	产生量	排放量	产生量	排放量	产生量	排放量	产生量	排放量
第一产业	153.4	153.4	115.7	115.7	—	—	25.7	25.7
第二产业	3 087.0	2 185.6	18 993.2	895.9	9 433.7	905.1	1 317.6	1 317.2
第三产业	95.3	50.1	128.8	37.8	—	—	297.3	295.8
城市生活	116.1	61.1	157.0	46.1	—	—	9.6	7.8
合计	3 451.8	2 450.2	19 394.7	1 095.5	9 433.7	905.1	1 650.2	1 646.5

（2）电力行业是大气污染的主要控制行业。2004 年工业行业共排放 SO$_2$ 2 173.2 万 t，其中污染主要集中在电力和非金制业，这两个行业 SO$_2$ 排放量占工业行业总排放量的 71.1%，其中电力行业排放的 SO$_2$ 就占工业总排放量的 62.3%。燃烧过程 SO$_2$ 排放量占工业总排放量的 86.62%，工艺过程占 13.4%。在燃烧过程排放的 SO$_2$ 中电力行业排放占 71.9%，是排放的绝对大户。工艺过程中排放的 SO$_2$ 主要集中在非金属制品、钢铁、化工、有色冶金和石化 5 个行业，这 5 个行业工艺过程中排放的 SO$_2$ 总量为 273.8 万 t，占工业工艺过程 SO$_2$ 总排放量的 94.2%（图 3-6）。

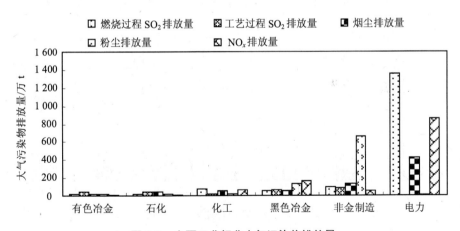

图 3-6 主要工业行业大气污染物排放量

2004 年工业行业共排放烟尘 886.6 万 t，排放同样集中在电力和非金属矿物制造业，这两个行业烟尘排放量达 558.99 万 t，占工业行业总排放量的 63.1%。2004 年全国共排放工业粉尘 905.10 万 t，主要集中在非金属制品和钢铁行业，这两个行业工业粉尘排放量达

791.6 万 t，占工业粉尘总排放量的 87.5%。2004 年工业行业共排放 NO_x 1 309.3 万 t，也主要集中在电力和钢铁行业。

通过以上分析可以看出，大气污染物排放主要集中在电力、非金属制品、钢铁和化工 4 个行业，尤其电力行业的污染物排放占据着非常大的比例，将是未来一段时间内大气污染物治理的重点行业。

（3）大气污染物去除率差异较大，重点污染行业治污任务依然艰巨

从图 3-7 中可以看出：①烟尘和工业粉尘的处理率相对较高，但 SO_2 和 NO_x 治理任务仍然艰巨。工业行业的烟尘和工业粉尘的去除率分别为 95.3% 和 90.4%，SO_2 在燃烧过程的去除率和工艺过程的去除率分别只有 14.2% 和 66.6%，而 NO_x 由于监测和减排的技术问题，几乎没有去除。②污染物排放的重点行业污染物的去除率普遍不高。作为 SO_2 排放的重点大户——电力行业，在燃烧过程中对 SO_2 的去除率只有 11.2%，低于工业平均的 14.2%，工艺过程中 SO_2 的排放量最多的非金制造的去除率只有 20.5%，远远低于平均水平 66.6%。

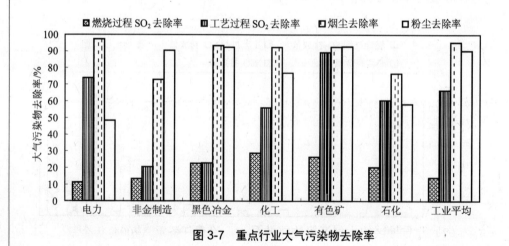

图 3-7　重点行业大气污染物去除率

3.2.3 地区核算结果分析

（1）东部地区大气污染物去除率最高，但污染物排放量也相对较大。从图 3-8 和图 3-9 中的东、中、西部地区大气污染物排放量和去除水平可以看出，东部地区大气污染物的去除水平略高于中、西

部，但污染物排放量也相对高于中、西部。

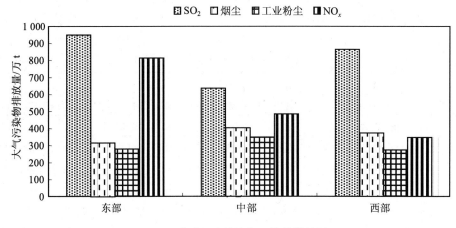

图 3-8　按地区分的大气污染物排放量

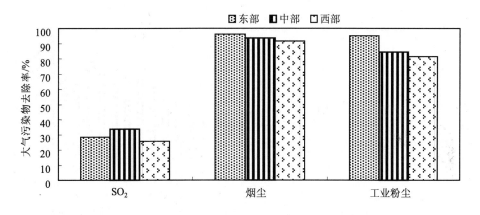

图 3-9　分地区的大气污染物去除率

（2）北方地区的大气污染物排放量大，治理任务重。2004 年全国共排放 SO_2 2 450.2 万 t，其中 SO_2 排放最多的 5 个省分别是：山东、河北、山西、江苏和河南（表 3-5）。这 5 个省 SO_2 排放量占全国总排放量的 32.1%，但这 5 个省区 SO_2 的去除率都低于全国平均水平，治理任务非常繁重。2004 年全国共排放烟尘 1 095.50 万 t，烟尘排放量大的以北方省份居多，山西、四川、河南、河北和内蒙古 5 个省烟尘排放量占全国总排放量的 37.5%，2004 年全国共排放工业粉尘 905.10 万 t，其中排放最多的 5 个省区分别是湖南、河北、河南、山西和广西，这 5 个省区烟尘排放量占全国总排放量的 59.7%，但它们的治理水平都低于全国平均水平。图 3-10 是全国 31 个省市的 SO_2 排放量与去除率。

表 3-5   2004 年大气污染物列前 5 位的省级行政区及其排放量和去除率

SO_2			烟尘			工业粉尘		
省份	排放量/万 t	去除率/%	省份	排放量/万 t	去除率/%	省份	排放量/万 t	去除率/%
山东	200.32	24.76	山西	109.10	91.34	湖南	72.60	78.48
河北	156.29	27.75	四川	86.50	81.40	河北	72.40	88.31
山西	148.52	17.90	河南	76.70	94.68	河南	72.00	86.78
江苏	141.86	25.62	河北	72.40	95.18	山西	67.30	74.85
河南	138.92	18.32	内蒙古	66.20	92.55	广西	51.20	86.39
全国	2 450.17	29.02	全国	1 095.50	94.35	全国	905.10	90.41

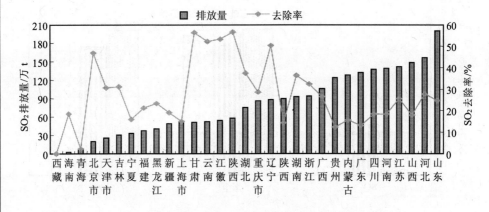

图 3-10   全国 31 个省市的 SO_2 排放量与去除率

3.3 固体废弃物污染实物量核算结果

3.3.1 结果说明

（1）固体废弃物实物量核算，按废弃物类别分为工业固体废物、危险废物和城市生活垃圾 3 种，一般工业固体废物和危险废物利用环境统计数据，城镇生活垃圾除垃圾产生量外利用城建年报统计数据。

（2）生活垃圾产生量利用人均垃圾产生量和城镇人口计算获得，由于缺乏数据支持，没有计算城镇生活垃圾的综合利用量。

（3）固体废物实物量核算范围仅包括工业废物和城市生活垃圾，没有对第一产业废物和农村生活垃圾进行核算。

3.3.2　一般工业固废核算结果分析

2004 年全国一般工业固废产生量为 11.9 亿 t，利用量为 6.74 亿 t，其中利用当年废物量为 6.52 亿 t，处置量为 2.64 亿 t，一般工业固体废物的利用处置率为 78.8%。

（1）工业固废集中在 5 个行业，处置利用率较高。2004 年全国一般工业固废行业产生量前 5 位的依次为电力、黑色冶金、煤炭采选、黑色和有色矿采选业，这 5 个行业的产生量占总产生量的 76.9%，处置利用率较高（表 3-6），其中，金属矿采选业的处置利用率较低。

表 3-6　2004 年全国工业固废产生量前 5 位的工业行业及其实物量核算结果

行业	产生量/万 t	综合利用量/万 t	处置量/万 t	贮存量/万 t	排放量/万 t	处置利用率/%
电力	25 481	16 895	3 351	5 765	60	79.5
黑色冶金	20 814	15 276	2 025	2 892	231	83.1
煤炭采选	16 878	9 620	5 216	2 305	518	87.9
黑色金属矿	16 706	2 436	8 792	6 069	247	67.2
有色金属矿	11 664	3 849	3 255	4 650	161	60.9
工业合计	118 973	67 393	26 359	25 668	1 761	78.8

（2）东部地区产生量大，处置利用率高。从表 3-7 各省市一般工业固废产生量可以看出，产生量排前 5 位的省依次为河北、山西、辽宁、山东、江西，这 5 个省的产生量占总产生量的 42.1%。从表 3-8 来看，2004 年全国一般工业固废地区产生量，东部地区明显大于中部和西部地区，但是东部地区工业固体废物的处置利用率也是最高的，处置利用率达到 86.4%，这说明东部地区虽然固体废物产生量高，但处理水平也较高。

表 3-7　2004 年全国工业固废产生量前 5 位的省及其实物量核算结果

省份	产生量/ 万 t	综合利用量/ 万 t	处置量/ 万 t	贮存量/ 万 t	排放量/ 万 t	处置利用率/ %
河北	16 752	7 513	5 053	4 216	39	75.0
山西	10 159	4 493	4 337	803	619	86.9
辽宁	8 832	3 529	2 990	2 315	12	73.8
山东	7 857	7 150	423	560	0	96.4
江西	6 520	1 665	4 141	777	12	89.0
全国	118 973	67 393	26 359	25 668	1 761	78.8

表 3-8　2004 年全国分地区的工业固废实物量和利用处置率核算结果

地区	产生量/ 万 t	综合利用量/ 万 t	处置量/ 万 t	贮存量/ 万 t	排放量/ 万 t	处置利用率/ %
东部	50 152	32 839	10 493	7 780	87	86.4
中部	37 234	20 707	10 972	5 490	735	85.1
西部	31 587	13 847	4 894	12 398	938	59.3
合计	118 973	67 393	26 359	25 668	1 760	78.8

3.3.3　危险废物实物量核算结果分析

2004 年全国危险废物产生量为 994 万 t，综合利用量为 404 万 t，其中利用当年废物量为 379 万 t，处置量为 275.16 万 t，2004 年危险废物的平均利用处置率为 68.3%。

（1）危险废物产生的行业特征明显，处置利用率差异较大。从表 3-9 来看，2004 年危险废物产生量列前 5 位的行业是化工、有色矿采选、非金属矿采选、石化和有色冶金业，这 5 个行业的产生量占总产生量的 83.6%，化工和石化工业的危废处置利用率较高，分别为 90.9% 和 98.5%，非金属矿采选业的危废全部以贮存的方式处理，有色矿也以贮存为主。

表 3-9　2004 年全国危废产生量前 5 位的工业行业及其实物量核算结果

行业	产生量/ 万 t	综合利用量/ 万 t	处置量/ 万 t	贮存量/ 万 t	排放量/ 万 t	处置利用率/ %
化工	391.61	213.71	142.46	48.86	0.45	90.9
有色矿采选	265.48	15.10	53.04	196.71	0.50	25.7
非金属矿采选	62.00	—	—	61.65	—	—
石化	59.58	47.00	11.68	1.99	—	98.5
有色冶金业	52.01	23.00	12.30	25.58	—	67.9
工业合计	994	404	275.16	343.28	1.14	68.3

（2）各省市危废处理利用率参差不齐，欠发达地区尚需加大投入。2004 年危险废物产生量列前 5 位的省区为贵州、广西、江苏、山东、青海，从表 3-10 可以看出，贵州省危废产生量居全国最高，但其处置利用率达到 85.3%，说明贵州省在危废治理上投入较大。青海省危废处置利用率仅为 0.22%，危废处理方式大多为贮存，说明青海省在危废处理处置上尚需加大治理投入。

表 3-10 2004 年全国危废产生量前 5 位的省区及其实物量核算结果

省份	产生量/万 t	综合利用量/万 t	处置量/万 t	贮存量/万 t	排放量/万 t	处置利用率/%
贵州	156	24	109	30.9	—	85.3
广西	126	20	30.43	76.14	—	40.0
江苏	86	57	27.95	1.64	—	98.8
山东	65	39	1.24	25.33	—	61.9
青海	63	—	0.14	62.18	—	0.22
全国	994.0	404.0	275.2	343.8	1.1	68.3

（3）西部地区危废产生量大，处置利用率低下。2004 年东部地区危险废物产生量为 342 万 t，处置利用率为 91.6%，中部地区危险废物产生量为 94 万 t，处置利用率为 87.9%，西部地区危险废物产生量为 558 万 t，处置利用率为 50.8%。西部地区处置利用率明显低于东、中部地区。具体核算结果见表 3-11。

表 3-11 2004 年全国分地区的危险废物实物量和利用处置率核算结果

地区	产生量/万 t	综合利用量/万 t	处置量/万 t	贮存量/万 t	排放量/万 t	处置利用率/%
东部	342	219	94.21	37.48	0.08	91.6
中部	94	65	17.58	14.79	0.11	87.9
西部	558	120	163.37	291.01	0.95	50.8
合计	994	404	275.16	343.28	1.14	68.3

3.3.4 城市生活垃圾实物量核算结果分析

2004 年我国的城市生活垃圾产生总量为 1.92 亿 t，平均无害化处理率为 42.0%，处理率为 65.3%。

（1）生活垃圾产生量与人口成正比，无害化处理率尚待提高。31

个省级行政区中，城市生活垃圾产生量最大的 5 个省是广东、山东、江苏、湖北和黑龙江，占总产生量的 36.7%，这 5 个省的城市人口较多，核算结果见表 3-12。无害化处理率最高的是青海省，达到了 95.4%，其次为北京、浙江、山东和云南，处理率最高的是上海，接近 100%，但上海的无害化处理率低于 30%，无害化处理水平有待提高。

表 3-12　2004 年城市生活垃圾产生量前 5 位的省份及其产生量和处理率

省份	产生量/万 t	无害化处理量/万 t				简易处理量/万 t	堆放量/万 t		无害化处理率/%	处理率/%
		卫生填埋量	堆肥量	无害化焚烧量	小计		有序堆放	无序堆放		
广东	1 922.3	663.9	0.0	94.0	757.9	441.9	361.8	360.8	39.4	62.4
山东	1 614.9	796.3	264.6	4.9	1 065.8	120.3	56.8	372.1	66.0	73.4
江苏	1 326.3	694.5	31.3	17.9	743.7	37.5	36.5	508.6	56.1	58.9
湖北	1 125.1	503.4	9.4	0.0	512.8	135.3	243.2	233.8	57.5	57.6
黑龙江	1 059.7	263.8	1.2	9.3	274.3	393.7	391.7	0.0	25.9	63.0
全国	19 193.1	6 888.9	730.0	449.0	8 067.9	4 457.7	2 983.7	3 683.8	42.0	65.3

（2）东部地区生活垃圾产生量大，无害化处理率较高。从表 3-13 可以看出，2004 年东部地区城市生活垃圾产生量为 9 516.5 万 t，无害化处理率 50.1%，处理率 68.5%，中部地区产生量为 6 094.6 万 t，无害化处理率为 32.1%，处理率为 59.9%，西部地区产生量为 3 582.0 万 t，无害化处理率为 37.5%，处理率为 65.8%。可以看出东部地区城市生活垃圾产生量最高，无害化处理率和处理率也高于其他地区，这与东部地区人口较多、经济相对发达有一定关系。

表 3-13　2004 年全国分地区城市生活垃圾产生量和处理率核算结果

地区	产生量/万 t	无害化处理量/万 t				简易处理量/万 t	堆放量/万 t		无害化处理率/%	处理率/%
		卫生填埋量	堆肥量	无害化焚烧量	小计		有序堆放	无序堆放		
东部	9 516.5	3 863.1	546.0	361.5	4 770.6	1 748.1	983.3	2 014.5	50.1	68.5
中部	6 094.6	1 783.8	124.7	47.1	1 955.6	1 693.0	1 362.6	1 083.5	32.1	59.9
西部	3 582.0	1 242.1	59.4	40.4	1 341.8	1 016.6	637.9	585.8	37.5	65.8
合计	19 193.1	6 889.0	730.1	449.0	8 067.9	4 457.7	2 983.8	3 683.8	42.0	65.3

3.4 实物量核算综合分析

实物量核算结果表明，2004 年全国废水排放量为 607.2 亿 t，COD 排放量为 2 109.3 万 t，氨氮排放量为 223.2 万 t；2004 年我国大气污染物 SO_2、烟尘、粉尘和 NO_x 排放总量分别为 2 450.2 万 t、1 095.5 万 t、905.1 万 t 和 1 646.6 万 t；工业固体废物排放量为 1 760.8 万 t，生活垃圾堆放量为 6 667.5 万 t。

2004 年，全国 GDP 总量为 159 878 亿元，单位 GDP 的废水、COD 和氨氮排放量分别为 38.0 t/万元、13.2 kg/万元、1.4 kg/万元；单位 GDP 的 SO_2、烟尘、粉尘和 NO_x 排放量分别为 15.3 kg/万元、6.9 kg/万元、5.7 kg/万元和 10.3 kg/万元。

3.4.1 各工业行业主要污染物排放绩效相差较大

从图 3-11 各工业行业的 COD 排放绩效来看，2004 年各行业的单位增加值 COD 排放绩效相差较大，最大的造纸行业为 262.49 kg/万元（图 3-11 未表示），其次为食品加工业 42.18 kg/万元；全国平均水平为 14.85 kg/万元。

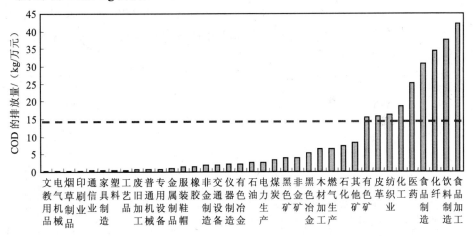

图 3-11　各工业行业单位增加值的 COD 排放量

从图 3-12 各工业行业的 SO_2 排放绩效来看，2004 年各行业的单位增加值 SO_2 排放绩效相差较大，最大的电力行业为 256.30 kg/万元（图 3-12 未表示），其次为有色冶金业 53.44 kg/万元；全国平均水平为 15.32 kg/万元。

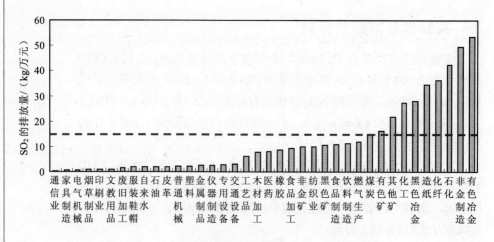

图 3-12　各工业行业单位增加值的 SO_2 排放量

3.4.2　各地区的主要污染物排放绩效相差较大

从图 3-13 全国 31 个省、市、自治区的 COD 排放绩效来看，2004 年单位 GDP COD 排放绩效最好的是北京市，为 2.77 kg/万元，其次是上海市，为 4.31 kg/万元；而排放绩效最差的是广西，为 45.28 kg/万元，位居倒数第二的是吉林，为 25.15 kg/万元。全国平均水平为 12.59 kg/万元。

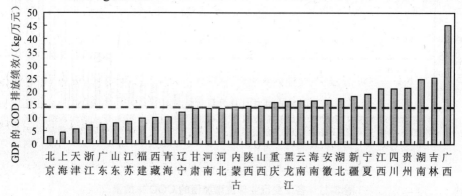

图 3-13　全国 31 省市单位 GDP 的 COD 排放绩效

从图 3-14 全国 31 个省市的 SO_2 排放绩效来看，2004 年单位 GDP SO_2 排放绩效最好的是西藏，为 0.45 kg/万元，其次是海南省，为 3.17 kg/万元；而排放绩效最差的是贵州省，为 73.91 kg/万元，位居倒数第二的是宁夏，为 61.25 kg/万元。全国平均水平为 14.62 kg/万元。

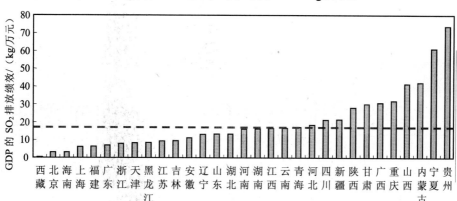

图 3-14　全国 31 省市单位 GDP 的 SO₂ 排放绩效

图 3-15 是 2004 年主要污染物的实物量核算与环境统计结果。2004 年废水排放量的环境统计为 482.4 亿 t，而核算结果为 607.2 亿 t，核算量是统计量的 1.26 倍；COD 排放量的环境统计为 1 339.2 万 t，而核算结果为 2 109.3 万 t，核算量是统计量的 1.58 倍；氨氮排放量环境统计为 133 万 t，而核算结果为 223.2 万 t，核算量是统计量的 1.68 倍；SO₂ 排放量环境统计为 2 255 万 t，而核算结果为 2 450 万 t，核算量比统计量增加了约 195 万 t。总体而言，由于废水核算包括了农业面源污染，SO₂ 按能源消耗量重新进行了核算，核算口径比环境统计宽，因此污染实物量有所增加，更能全面反映中国目前的实际污染状况。

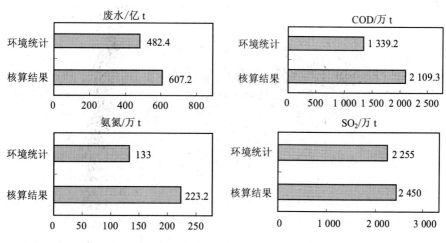

图 3-15　主要污染物实物量核算与统计结果比较（2004 年）

第4章

价值量核算结果——治理成本法

4.1 水污染治理成本核算

2004 年，全国废水实际治理成本为 344.4 亿元，占产业合计 GDP 的 0.22%；全国废水虚拟治理成本为 1 808.7 亿元，占产业合计 GDP 的 1.13%。

4.1.1 结果说明

（1）本核算研究报告不考虑种植业废水的治理，因此，废水价值量核算结果中的第一产业仅指畜牧业（规模化畜禽养殖）和农村生活废水，因此，第一产业价值量核算结果比实物量核算结果偏低；

（2）建筑业生活废水虽然涵盖在城市生活中，但进行治理成本与产业部门生产总值的比较时，仍然将建筑业的生产总值计为第二产业。

4.1.2 部门核算结果分析

（1）第二产业治理成本大，COD 治理成本高。第二产业，也即工业行业的废水实际治理成本最大，占总实际治理成本的 74.2%，工业行业的废水虚拟治理成本也最大，占总虚拟治理成本的 55.5%。已发生的废水治理成本中，4.2% 用于重金属的治理，10.8% 用于氰化物，59.8% 用于 COD，12.1% 用于石油类污染物，剩余的 13.1% 用于氨氮，见表 4-1。

（2）造纸、食品加工、化工、纺织业和医药行业治理成本较高。在 38 个工业行业中，实际治理成本列前 5 位的分别是黑色冶金、化工、造纸、石化和纺织业，5 个行业的实际治理成本为 145.5 亿元，约占总实际治理成本的 57.0%；虚拟治理成本列前 5 位的分别是造纸、食品加工、化工、纺织业和医药业，5 个行业的虚拟治理成本为 819.6 亿元，占总虚拟治理成本的 72.3%；总治理成本居前 4 位的分别是造纸、食品加工、化工、纺织业，由于医药业的废水治理难度较高，因此，虽然其废水未达标排放量低于食品加工业，但其总治理成本高于食品加工业，位列第五，5 个行业的治理成本占总治理成本的 66.3%。各行业废水治理成本见图 4-1。

表 4-1　2004 年各产业部门的废水价值量核算结果

部门		治理成本/万元		增加值/亿元	占 GDP 的比例/%	
		实际	虚拟		实际	虚拟
第一产业		412 264	3 307 313	20 956	0.20	1.58
第二产业		2 554 972	10 036 803	73 904	0.35	1.36
城市大生活	第三产业	197 087	1 887 147	65 018	0.03	0.29
	生活	279 264	2 855 409	—	—	—
	小计	476 351	4 742 556	—	—	—
合计		3 443 587	18 086 672	159 878	0.22	1.13

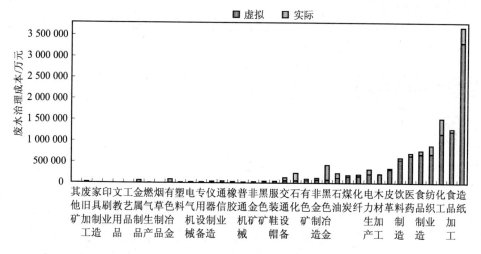

图 4-1　2004 年各行业废水治理成本图（按照虚拟治理成本排序）

4.1.3　地区核算结果分析

（1）东部地区治理成本高，实际和虚拟废水治理成本的差距较大。2004 年，就废水实际治理成本和虚拟治理成本而言，东部地区均为最高，废水实际治理成本为 212.8 亿元，占总实际治理成本的 61.8%；虚拟治理成本为 687.5 亿元，占总虚拟治理成本的 38.0%。西部地区的废水虚拟治理成本最低，为 554.6 亿元，占总虚拟治理成本的 30.7%；西部地区的废水实际治理成本也最低，为 45.8 亿元，占总实际治理成本的 13.3%。从绝对量来说，东部地区的实际治理成本远远超出中西部地区，但由于中、西部地区的经济总量较低，因此，虽然其实际治理成本占总 GDP 的比例不低，但废水治理投入仍然不足。

从图 4-2 可以看出，实际和虚拟废水治理成本的差距较大，中、西两个地区的虚拟治理成本分别是实际治理成本的 6.6 倍和 12.1 倍，而东部地区的虚拟治理成本为实际治理成本的 3.2 倍。

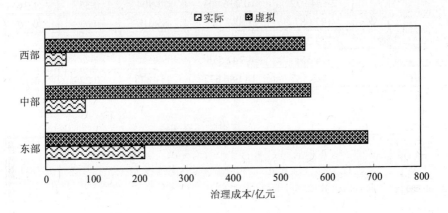

图 4-2　2004 年东、中、西部废水的实际与虚拟治理成本

（2）江苏省废水实际治理成本最高，广西废水虚拟治理成本最高。如表 4-2 所示，在 31 个省级行政区中，江苏的实际治理成本最高，为 37.4 亿元，占全国总量的 10.9%，广东、山东、浙江和河北的实际治理成本分别列第 2 至第 5 位，这 5 个省的实际治理成本都达到了 20 亿元以上，占全国总量的 44.8%；虚拟治理成本最高的是广西，约占全国总量的 1/10，其次为四川、山东、河北和河南，这 5 个省的虚拟治理成本占全国总量的 34.7%；总治理成本最高的前 5 位为广西、山东、江苏、广东和河北，这 5 个省的治理成本占全国总治理成本的 34.5%。

2004 年，全国各省市废水治理总成本如图 4-3 所示，各省市按照虚拟治理成本排序，说明了不同省市废水治理的欠账情况。

表 4-2　2004 年废水治理成本列前 5 位的省级行政区及其比例构成

省份	实际治理成本/亿元	比例/%	省份	虚拟治理成本/亿元	比例/%	省份	总治理成本/亿元	比例/%
江苏	37.4	10.9	广西	166.9	9.2	广西	173.4	8.1
广东	34.2	9.9	四川	124.6	6.9	山东	148.3	6.9
山东	33.8	9.8	山东	114.5	6.3	江苏	144.8	6.7
浙江	26.2	7.6	河北	111.4	6.2	广东	142.0	6.6
河北	22.6	6.6	河南	110.6	6.1	河北	134.0	6.2
全国	344.4	44.8	全国	1 808.7	34.7	全国	2 153.1	34.5

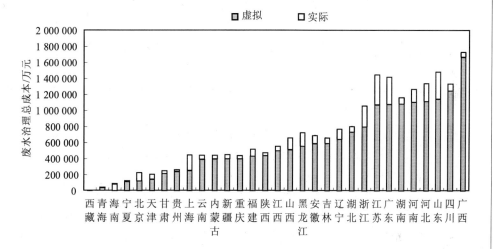

图 4-3　各省市废水治理总成本（按照虚拟治理成本排序）

4.2　大气污染治理成本核算

2004 年，全国的废气实际治理成本为 478.2 亿元，占产业合计 GDP 的 0.29%；全国废气虚拟治理成本为 922.3 亿元，占产业合计 GDP 的 0.55%。

4.2.1　结果说明

（1）本核算报告中不考虑农业生产和农村生活的废气治理，不对农业生产和农村生活废气价值量进行核算。

（2）此次核算中采用的单位污染物治理成本通过试点省市绿色

国民经济核算和环境污染损失调查数据整理获得。

4.2.2 部门核算结果分析

（1）工业行业的虚拟治理成本较高，电力行业是工业废气治理的重点。从图 4-4 可以看出：①几乎各个行业的虚拟治理成本都高于实际处理成本，这说明大气污染治理的缺口仍然很大；②电力行业是工业废气治理的重点。2004 年工业行业大气污染总治理成本 882.9 亿元，其中电力行业总治理成本为 551.4 亿元，占总治理成本的 62.5%。

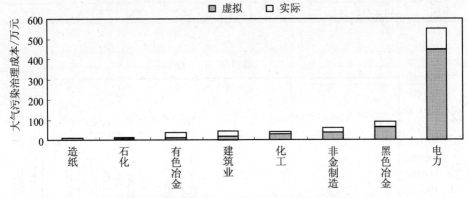

图 4-4　各工业行业的工业大气污染治理成本

（2）电力行业 SO_2 治理缺口较大。SO_2 虚拟治理成本列前 5 名的行业排名见表 4-3，这 5 个行业治理 SO_2 的虚拟成本共 226.3 万元，占总虚拟成本的 87.0%，同时，这 5 个行业的虚拟成本治理占本行业总成本的比例基本都高于 50%。其中，电力行业是我国 SO_2 的绝对排放大户，2004 年共投入 14.8 亿元用于 SO_2 治理设施的运转，占实际总运行成本的 27.1%，但根据目前的保守核算，还至少需要投入虚拟治理成本 182.8 亿元，粗略折算相当于投资欠账 600 亿元。

表 4-3　SO_2 虚拟治理成本前 5 名的行业

行　业	虚拟成本/万元	虚拟成本比例/%
电力、蒸汽、热水的生产和供应业	1 828 096.27	92.51
非金属矿物制造业	161 110.04	89.94
黑色金属冶炼及压延加工业	100 373.24	85.92
化学原料及化学制品制造业	88 320.77	74.78
建筑业	85 357.76	49.54
第二产业合计	2 601 452.87	82.66

4.2.3　地区核算结果分析

（1）东部地区的实际和虚拟治理成本都高于中、西部地区。图 4-5 为东、中、西部 3 个地区的大气污染实际治理成本和虚拟治理成本占总成本的比例，从中可以看出，东部地区的实际治理成本和虚拟治理成本都远远高于中、西部地区。其中，东部、中部和西部的虚拟成本所占比例逐渐提高，分别为 61.3%、68.2%、71.3%，占总治理成本的 50%以上。总体看来，东部地区污染重，治理投入仍需加大。

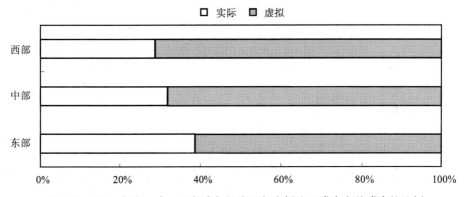

图 4-5　2004 年东、中、西部废气的实际与虚拟治理成本占总成本的比例

（2）辽宁省的大气污染治理成本居全国之首，虚拟治理成本也位居前列。2004 年的大气总治理成本为 1 400 亿元，辽宁、河北、山东、山西和广东居前 5 名，合计 464.3 亿元，占全国总成本的 33.2%。全国虚拟治理成本为 922.3 亿元，占总治理成本的 65.9%，其中，工业大气污染虚拟治理成本占总虚拟治理成本的 72.5%。各地区工业和生活废气治理成本见图 4-6，生活废气治理成本中虚拟治理成本超过总废气治理成本 80%的省有青海、山东和河南，这些地区的城市燃气普及率水平需要提高。

4.3　固体废弃物污染治理成本核算

2004 年，全国固体废弃物实际治理成本为 156.5 亿元，占产业合计 GDP 的 0.10%；全国固废虚拟治理成本为 122.4 亿元，占产业合计 GDP 的 0.08%。

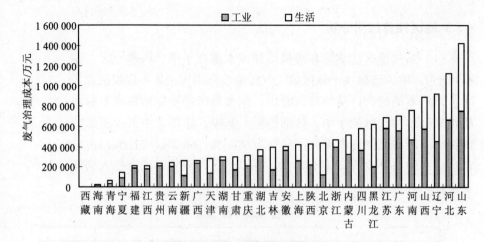

图 4-6　分地区的废气治理成本

4.3.1　结果说明

（1）工业固体废物实际治理成本由处置废物和贮存废物两部分实际治理成本构成。处置量和贮存量采用环境统计数据。

（2）生活垃圾虚拟治理成本仅按地区核算，核算的内容为简易处理和堆放垃圾被无害化处理的虚拟治理成本。

（3）此次核算中采用的单位治理成本通过试点省市绿色国民经济核算和环境污染损失调查数据整理获得。

4.3.2　工业固废治理成本核算结果分析

2004 年全国地区工业固体废物实际治理成本为 111.3 亿元，占总治理成本的 52.7%；虚拟治理成本 99.9 亿元，为总治理成本的47.3%；实际治理投入略高于虚拟治理成本，表明工业固体废物污染治理投入还不足。

（1）治理费用行业特征明显，尚需加大治理投入。工业固废主要排放行业的实际、虚拟和总治理成本如表 4-4 所示，这 8 个行业的治理成本占工业固废总治理成本的 92.9%。总治理成本最高的行业为有色金属矿采选业，总治理成本为 55.3 亿元，实际治理费用和虚拟治理费用的比例为 31.7∶68.3，说明该行业的治理投入还存在很大的缺口。

（2）西部地区治理成本高，实际和虚拟治理成本差距较大。2004年中国东、中、西部 3 个地区的污染治理总需求成本核算结果如表

4-5 所示，西部地区治理成本最高，西部地区实际治理成本和虚拟治理成本之比为 38.1∶61.9，说明西部地区在治理工业固废污染上的投入还不足。从上一章的实物量核算结果知，东部地区固废产生量最高，但价值量核算结果却低于西部地区，究其原因是西部地区危险废物产生量高，而危险废物的单位处置运行成本远远高于一般工业固废，所以西部地区的价值量核算结果最高。

表 4-4　工业固体废物主要排放行业治理成本比较

行业名称	治理成本/亿元			占总成本比例/%	排序
	实际治理	虚拟治理	合计		
有色矿采选	17.5	37.8	55.3	26.2	1
化工	24.5	10.4	34.9	16.5	2
黑色矿采选	22.1	11.2	33.3	15.7	3
电力	10.0	10.2	20.2	9.6	4
煤炭采选	12.5	5.2	17.7	8.4	5
有色冶金	5.8	6.8	12.6	6.0	6
黑色冶金	6.5	5.7	12.2	5.8	7
非金矿采选	0.4	9.7	10.1	4.8	8
合计	99.3	97.0	196.3	92.9	—

表 4-5　2004 年全国分地区的工业固废污染治理成本分析

地区	治理成本/亿元			成本比例/%		占总成本比例/%
	实际治理	虚拟治理	合计	实际比例	虚拟比例	
东部	40.8	19.4	60.2	67.8	32.2	28.5
中部	29.3	13.4	42.7	68.6	31.4	20.2
西部	41.3	67.1	108.4	38.1	61.9	51.3
合计	111.4	99.9	211.3	52.7	47.3	100.0

4.3.3　城市生活垃圾治理成本核算结果分析

（1）城市生活垃圾无害化处理程度较高，但仍需加大治理。2004年我国城市生活垃圾总清运量为 1.55 亿 t，完全达到无害化处理处置总治理成本需要 115.0 亿元。其中，实际治理成本为 71.5 亿元，占总成本的 62.1%；虚拟治理成本为 43.6 亿元，占总成本的 37.9%；实际治理成本高于虚拟治理成本。相对于工业固体废物而言，我国城市生活垃圾无害化处理程度较高，但仍有很大比例的生活垃圾采用了简易处理和堆放方式处置，由此造成的环境危害不容忽视。重点省份的城市生活垃圾治理成本见表 4-6。

表4-6　重点省份城市生活垃圾治理成本分析

省份	治理成本/亿元			占总成本比例/%	排序
	实际治理	虚拟治理	合计		
广东	7.7	4.6	12.3	10.7	1
山东	7.6	2.8	10.4	9.0	2
江苏	4.9	2.4	7.3	7.1	3
浙江	5.0	1.5	6.5	5.6	4
湖北	3.7	2.5	6.2	5.4	5
合计	28.9	13.8	42.7	37.9	—

（2）东部地区城市生活垃圾治理成本最高，且实际治理投入较大。2004 年东部地区城市生活垃圾总治理成本为 60.6 亿元，其中实际治理成本是虚拟治理成本的 2.0 倍，中部地区总治理成本为 34.2 亿元，实际治理成本是虚拟治理成本的 1.2 倍，西部地区总治理成本 20.2 亿元，占全国总成本的 17.6%。东部地区总治理成本最高，但其虚拟治理成本仅占总治理成本的 33.1%，说明东部地区城市生活垃圾大部分都被治理，实际治理投入较大，见表4-7。

表4-7　分地区城市生活垃圾治理成本分析

地区	治理成本/亿元			成本比例/%		占总成本比例/%
	实际治理	虚拟治理	合计	实际比例	虚拟比例	
东部	40.5	20.1	60.6	66.9	33.1	52.7
中部	18.9	15.3	34.2	55.3	44.7	29.7
西部	12.0	8.2	20.2	59.4	40.6	17.6
合计	71.4	43.6	115.0	62.1	37.9	100.0

4.3.4　地区固废治理成本核算结果比较

图 4-7 为 31 个省、市、自治区的固废总污染治理成本排序及治理成本构成。在 31 个省、市、自治区中，贵州的固废污染治理总成本最高，为 28.34 亿元，其次为河北和辽宁。但各省的治理成本构成不同，贵州和河北的虚拟治理成本比例较低，分别为 28.2%和 37.5%，广西的虚拟治理成本较高，占 68.9%。虚拟治理成本比例最低的是北京，仅为 13.9%，比例最高的是青海，达到 94.5%。

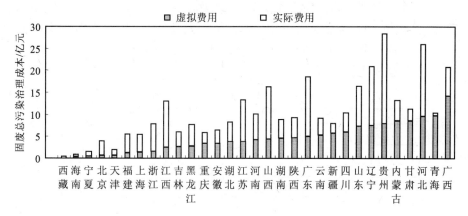

图 4-7　31 个省级行政区的固废总污染治理成本及治理成本构成

4.4 治理成本法价值量核算综合分析

4.4.1 环境污染治理投入严重不足，废水治理缺口较大

表 4-8 为 2004 年环境污染价值量核算的结果。核算结果表明，实际和虚拟治理总成本为 3 879.8 亿元，实际治理成本只占总成本的 26%，可见环境污染治理投入欠账较大。其中，水污染、大气污染和固废污染实际和虚拟治理总成本分别为 2 153.0 亿元、1 400.4 亿元和 326.3 亿元，分别占实际和虚拟治理总成本的 55.5%、36.1%和 8.4%。由此可见，环境污染治理投入严重不足。

表 4-8　水、大气和固废污染的实际和虚拟治理成本

行业	水污染/万元		大气污染/万元		固体废物污染/万元		合计/万元	
	实际	虚拟	实际	虚拟	实际	虚拟	实际	虚拟
第一产业	412 264	3 307 313	0	0	0	0	412 264	3 307 313
第二产业	2 554 972	10 036 803	2 403 026	6 866 526	1 113 292	999 409	6 071 289	17 902 738
第三产业	197 087	1 887 147	1 072 117	1 591 169	0	0	1 269 204	3 478 316
城市生活	279 264	2 855 409	1 306 673	764 812	714 551	435 757	2 300 488	4 055 979
合计	3 443 587	18 086 672	4 781 816	9 222 507	1 827 843	1 435 166	10 053 245	28 744 346

图 4-8 为废水、废气和固废的治理成本比较图。2004 年，环境污染的实际治理成本是 1 005.3 亿元，其中，水污染、大气污染、固体废物污染实际治理成本分别是 344.4 亿元、478.2 亿元和 182.7 亿

元，分别占总实际治理成本的 34.3%、47.6%和 18.2%；虚拟治理成本为 2 874.4 亿元，其中，水污染、大气污染、固体废物污染虚拟治理成本分别为 1 808.7 亿元、922.3 亿元、143.5 亿元，分别占总虚拟治理成本的 62.9%、32.1%和 5.0%。

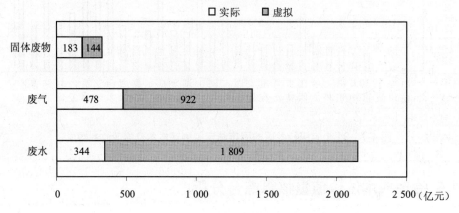

图 4-8 废水、废气和固体废物的实际与虚拟治理成本

另外，三种污染物的虚拟治理成本和实际治理成本占总成本的比例也各不相同。废水和废气的虚拟治理成本要高于实际治理成本，其中，废水的虚拟治理成本占总虚拟治理成本的 62.9%，是实际治理成本的 5.3 倍；废气的虚拟治理成本占总虚拟治理成本的 32.1%，是实际治理成本的 1.93 倍。由于工业固废的处置利用率已经接近80%，生活垃圾处理率也达到了 65.3%，因此，固废的虚拟治理成本小于实际治理成本。因此，总体而言，废水治理的缺口较大。

4.4.2 第二产业污染治理任务依然艰巨，城市生活废水污染治理投入亟待提高

表 4-9 和表 4-10 分别是水、大气和固废污染的实际和虚拟治理成本占总治理成本和三次产业、城市生活的实际与虚拟成本占总实际与虚拟成本的比例。表中数据表明，价值量核算结果与污染排放与治理的实物量核算结果相一致，以下逐一进行分析。

工业污染一直是我国环境污染治理工作的重点，2004 年第二产业污染实际治理成本为 607.13 亿元，占总实际治理成本的 60.4%，其中，第二产业废水和废气的实际治理成本各占总实际治理成本的42.1%和 39.6%。核算结果表明，第二产业污染虚拟治理成本为 1 790.3

亿元，是实际治理成本的 2.95 倍，其中，废水治理的缺口最大，还需要投入 1 003.7 亿元，占第二产业总虚拟治理成本的 56.1%；废气的治理投入缺口相对较小，占总虚拟治理投入的 38.4%，但绝对量也相当大，达到 686.65 亿元。

表 4-9　水、大气和固废污染的实际和虚拟治理成本占总治理成本的比例

行　业	水污染价值量比例/%		大气污染价值量比例/%		固废污染价值量比例/%	
	实际	虚拟	实际	虚拟	实际	虚拟
第一产业	100.0	100.0	0.0	0.0	0.0	0.0
第二产业	42.1	56.1	39.6	38.4	18.3	5.6
第三产业	15.5	54.3	84.5	45.7	0.0	0.0
城市生活	12.1	70.4	56.8	18.9	31.1	10.7
合　计	34.3	62.9	47.6	32.1	18.2	5.0

表 4-10　三次产业和生活的实际、虚拟治理成本占总实际、虚拟治理成本的比例

行　业	废水/%		废气/%		固废/%		合计/%	
	实际	虚拟	实际	虚拟	实际	虚拟	实际	虚拟
第一产业	11.97	18.29	0	0	0	0	4.10	11.51
第二产业	74.20	55.49	50.25	74.45	60.91	69.64	60.39	62.28
第三产业	5.72	10.43	22.42	17.25	0.00	0.00	12.62	12.10
城市生活	8.11	15.79	27.33	8.29	39.09	30.36	22.88	14.11
合　计	100.00	100.00	100.00	100.00	100.00	100.00	100.00	100.00

生活废水和废气治理成本的差距较大。我国自"九五"以来加大了环保投入，作为有效控制城市大气污染的重要措施，城市居民生活煤改气和集中供热工程成为环保投资的重点项目。目前我国城市居民的燃气普及率已经接近 80%，集中供热面积也达到了总供热面积的 34%，这里以煤改气和集中供热工程的运行成本作为城市生活废气的治理成本，因此，其实际治理成本较高，达到 130.7 亿元。与城市大气治理相比，城市生活废水处理能力严重不足，目前我国城市生活废水的实际治理成本为 28 亿元，只有废气的 21.4%。因此，城市污染治理投入的主要压力来自城市生活废水。

4.4.3　各工业行业污染治理重点不同，治理投入差距显著

表 4-11 和图 4-9 为总治理成本列前 15 位的工业行业及其实际、虚拟和总治理成本。在 39 个工业行业中，治理成本最高是电力行业，达到 604.3 亿元，同时其实际和虚拟治理成本都列各行业之首。列

总治理成本第 2~5 位的分别是造纸、化工、食品加工和黑色冶炼，以上 4 个行业总治理成本的排名与虚拟治理成本基本相同，说明这 4 个行业的污染治理水平都不高，治理投入缺口大，其中，造纸和食品加工业的虚拟治理成本占总治理成本的比例在 90%左右。位列总治理成本第 4 位的黑色冶炼行业的治理水平高于以上前 4 个行业，它的实际治理成本仅次于电力行业，达到了 71 亿元。

表 4-11　总治理成本列前 15 位的工业行业及其治理成本

行　业	实际治理成本/万元	虚拟治理成本/万元	总治理成本/万元
电力	1 262 535	4 780 671	6 043 206
造纸	398 003	3 425 695	3 823 698
化工	696 544	1 580 645	2 277 189
黑色冶炼	709 605	778 762	1 488 367
食品加工	75 960	1 274 013	1 349 973
纺织业	219 364	763 833	983 196
食品制造	98 652	711 257	809 909
非金矿制造	329 830	460 677	790 508
医药制造	76 659	671 305	747 963
有色金属矿	221 247	448 037	669 283
饮料制造	59 559	578 120	637 680
有色冶炼	365 363	195 654	561 017
煤炭采选	177 596	304 517	482 113
石油加工	252 851	155 139	407 990
黑色金属矿	244 594	151 494	396 088

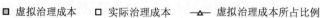

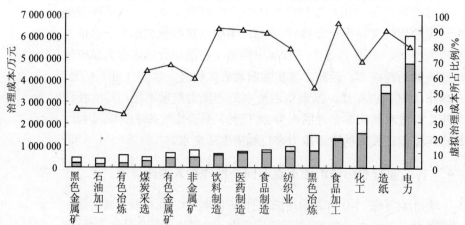

图 4-9　总治理成本列前 15 位的工业行业的污染治理成本与构成

另外，由于各行业的主要污染物不同，污染治理重点也各不相同。如图 4-10 所示，电力、黑色冶金、非金属矿物制品和有色冶金 4 个行业的治理重点为工业废气；造纸、纺织、饮料制造、食品制造和医药 5 个行业的治理重点为废水；化工行业的主要污染物包括 3 种污染物，它除了废水治理成本较高外，废气和固废也占有一定比例；固废治理的重点行业为有色矿和煤炭采选业。

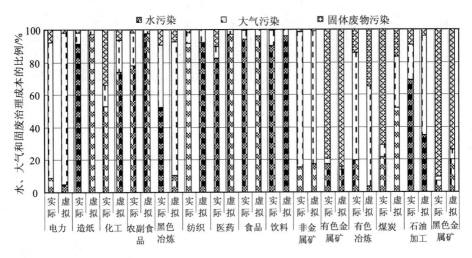

图 4-10　总治理成本列前 15 位的工业行业的水、大气与固废的实际与虚拟治理成本构成

4.4.4 东部地区污染治理投入仍需加大，中西部地区污染治理投入不足

同东、中、西 3 个地区的污染治理和实物排放量情况相对应，东部地区的实际治理成本和虚拟治理成本都远高于中、西部地区。如图 4-11 所示，除东、中部地区的固废虚拟治理成本小于实际治理成本外，其他地区的废水和废气污染虚拟治理成本都大于实际治理成本。实际治理成本中，东、中、西部地区的废气实际治理成本所占比例较高，东部为 46.0%，中、西部分别为 47.7% 和 51.5%，；虚拟治理成本中，东、中、西部的废水虚拟治理成本所占比例较高，中部的废水虚拟治理成本最高 66.1%，东、西部的废水虚拟治理成本比例分别为 61.1% 和 62.2%。总体来看，东部地区污染重，治理投入仍需加大。

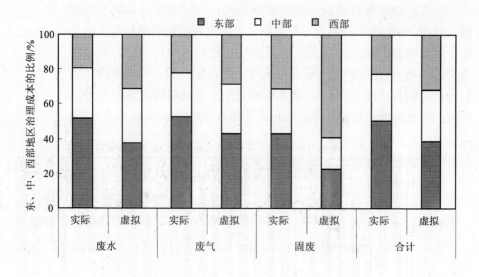

图 4-11　东、中、西地区的环境污染价值量核算结果

　　如图 4-12 所示，在各省市的水污染、大气污染和固体废物污染的虚拟治理成本构成中，除山西、贵州、上海、北京等的大气污染虚拟治理成本大于水污染虚拟治理成本外，其他地区的废水虚拟治理成本都大于大气污染虚拟治理成本，其中，贵州的大气污染虚拟治理成本是水污染虚拟治理成本的 2 倍左右，这充分说明山西、贵州、上海和北京等地区的大气污染比较严重，应加大大气污染治理投入。

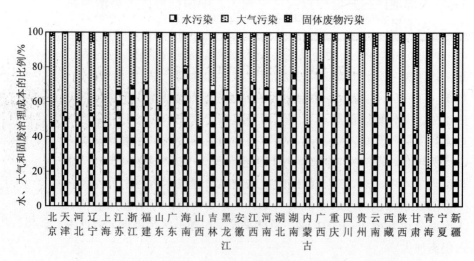

图 4-12　31 个省级行政区的水、气与固体废物虚拟治理成本构成

　　图 4-13 为 31 个省市的治理成本构成和虚拟治理成本排序示意图。在 31 个省市行政区中，广西的虚拟污染治理成本最高 204.98 亿元，其次为山东和河北，分别为 196.0 亿元和 184.4 亿元。但各省的治理成本构成不同，山东、河北和广西 3 省的虚拟治理成本所占比例较高，分别为 74.3%、70.8% 和 92%。虚拟治理成本比例最低的是北京市，仅为 33.3%，说明实际治理成本已高于虚拟治理成本；比例最高的是广西，高达 92.2%，其次为湖南、湖北、四川、西藏、青海和海南，都超过了 80%，其中这 7 个省都来自中、西部地区，中、西部地区污染治理投入不足。

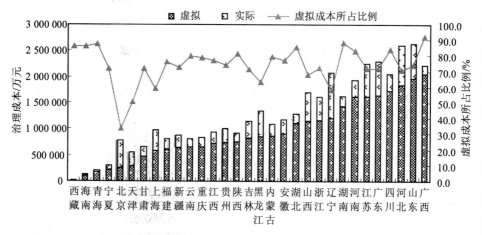

图 4-13　31 个省级行政区的虚拟与实际治理成本构成（按虚拟治理成本排序）

第 5 章

价值量核算结果——污染损失法

5.1 水污染退化成本核算

5.1.1 结果说明

（1）水污染造成的健康损失。由于缺乏明确的剂量反应关系研究，本次核算没有包括水污染引起的传染和消化道疾病的患病人数及其门诊和住院医疗、误工损失，这是水污染造成的健康损失明显偏低的主要原因。此外，死亡损失估算所采用的剂量反应关系也比较粗糙，有待改进。

（2）水污染造成的新建替代水源成本。由于水源水污染而被迫重建水源地或水库的情况在中国比较普遍，但由于缺乏相关数据，本次核算没有包括这部分损失。

5.1.2 核算结果分析

2004 年利用污染损失法核算的水污染造成的环境退化成本为 2 862.8 亿元，其中，水污染对农村居民健康造成的损失为 178.6 亿元，污染型缺水造成的损失为 1 478.3 亿元，水污染造成的工业用水额外治理成本为 462.6 亿元，水污染对农业生产造成的损失为 468.4 亿元，水污染造成的城市生活用水额外治理和防护成本为 274.9 亿元，各项损失占总水污染退化成本的比例见图 5-1。

（1）污染型缺水造成的环境退化成本。2004 年全国的缺水量为 373.5 亿 t，其中污染型缺水量为 247.6 亿 t，由于污染型缺水造成的环境退化成本为 1 478.3 亿元。东部地区水资源虽然丰富，但由于污染型造成的缺水也非常严重，污染型缺水量达到 115.0 亿 t，约占总污染型缺水量的 1/2，由此造成的经济损失达到 736.8 亿元。中、西部地区的污染型缺水量分别为 65.1 亿 t 和 67.5 亿 t，造成的经济损失分别占总污染型缺水经济损失的 1/4。

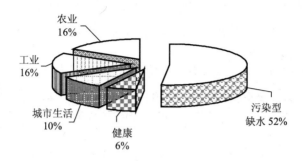

图 5-1 各项损失占总水污染退化成本的比例

在全国 30 个省级行政地区[①]中，河北省的污染型缺水量最大，达到 36.2 亿 t，由此造成的经济损失为 321.3 亿元，污染型缺水经济损失超过 100 亿元的还有内蒙古、山东和河南，这 3 个省的污染型缺水经济损失依次为 176.8 亿元、174.3 亿元和 103.1 亿元。上海、青海、北京、海南和新疆的污染型缺水量小于 10 亿 t，其中，上海不缺水。

（2）水污染造成的健康经济损失。2004 年全国农村地区的平均自来水普及率为 59.9%，还有约 2.8 亿农村居民喝不到安全饮用水。据估算，由于饮用水污染造成的农村居民癌症死亡人数为 11.8 万人，造成的经济损失为 167.8 亿元，此外，由于喝不到安全饮用水患介水性传染病所造成的经济损失为 10.7 亿元。因此，保守估计 2004 年由于水污染造成的健康经济损失为 178.6 亿元。其中，东部地区因水污染引起的健康经济损失最小为 56.0 亿元，喝不到安全饮用水的农村人口为 5 316.9 万；中部地区目前还有 12 220.8 万的农村人口喝不到安全饮用水，水污染造成的健康经济损失最大 70.9 亿元；西部地区农村居民的饮用水不合格率最高，但由于人口密度较东中部低，因此，西部地区的水污染健康损失低于中部地区，达到 51.7 亿元。

在全国 30 个省级行政地区中，内蒙古、安徽、青海、陕西、重庆、江西、吉林、河南 8 个地区的农村自来水普及率都低于 50%，

[①] 由于缺乏西藏自治区的相关统计数据和资料，第 5 章在进行全国综合评价时，仅包括除西藏外的其他 30 个省、自治区和直辖市。

其中，安徽的农村自来水普及率仅为 36%，由于饮用不安全饮用水造成的经济损失达到 13.9 亿元；排在水污染造成的健康经济损失第一位的是河南省，高达 19.37 亿元。这项损失最小的依次为上海、北京和天津 3 个直辖市，其中，上海的农村自来水普及率已经达到 100%，其损失为 0。

（3）水污染造成的农业经济损失。2004 年水污染对农业生产造成的经济损失为 468.4 亿元，其中，污灌造成的经济损失为 174.0 亿元，占总经济损失的 37.2%，水污染对林牧渔业造成的经济损失为 294.3 亿元。东、中、西 3 个地区中，东部地区的水污染农业经济损失最大为 253.9 亿元，西部最小为 36.1 亿元，这两个地区污灌造成的经济损失大约都占各自水污染农业损失的 1/2，中部地区的水污染农业经济损失为 178.3 亿元，污灌造成的经济损失仅占 21%。

在全国 30 个省级行政地区中，污灌造成的经济损失主要集中在辽宁、河北、天津、河南等海河和辽河流域省份，这 4 个省的污灌经济损失占总污灌损失的 70.2%，南方省份中浙江的污灌经济损失最大，约为 10.8 亿元。水污染造成的大农业经济损失超过 30 亿元的省有河北、河南、江苏、辽宁和安徽，分别为 75.7 亿元、68.6 亿元、54.7 亿元、47.6 亿元和 30.0 亿元，其中，江苏和安徽的渔业损失相对较高。

（4）水污染造成的工业用水额外治理成本。2004 年不满足类水质要求的工业用水共 100 亿 t，由于水污染造成的工业用水额外治理成本为 462.6 亿元，其中，东部地区为 296.9 亿元，占总工业用水额外治理成本的 64.2%，中部和西部地区分别为 127.3 亿元和 38.5 亿元，这说明东部地区的水污染情况依然相当严重。

在 30 个省级行政地区中，江苏省不满足工业用水水质要求的水量为 22.8 亿 t，经济损失最高达 108.4 亿元，其次为广东、浙江、黑龙江和上海，这 5 个省市的水资源量都比较丰富，但由于污染造成的水污染问题比较严重，仅这 5 个省市的工业用水额外预处理成本就占总额外预处理成本的 72%。北京、海南、云南、西藏、陕西和新疆 6 省没有因污染造成的工业用水额外预处理成本。

（5）水污染造成的城市生活用水额外治理和防护成本。2004 年不满足Ⅲ类水质水源水要求的城市生活用水共 55.2 亿 t，由此造成的城市生活用水额外治理成本为 144 亿元；同时，全国还有平均28.9%的城市居民因为担心饮用水被污染而选用桶装纯净水或自来水过滤净化装置，由此造成的城市居民防护成本为 130.9 亿元，两项合计274.9 亿元。

东、中、西 3 个地区的生活用水额外治理成本和工业用水的额外治理成本的特点类似，东部高，中、西部低，分别为 93.2 亿元、34.4 亿元和 16.4 亿元。上海、广东、江苏和浙江东部 4 省的生活用水额外治理成本为 90.7 亿元，占总额外治理成本的 63.0%。

城市生活用水防护成本和水质状况、居民收入水平以及人口相关，因此水质状况不好、收入水平高、人口多的东部地区的这项损失也是最高，93.2 亿元，中、西部地区分别为 34.4 亿元和 16.4 亿元。这项损失高于 10 亿元的省依次为江苏、广东、辽宁和山东，西藏、海南、青海和宁夏 4 个省低于 1 亿元。

5.2 大气污染退化成本核算

5.2.1 结果说明

（1）大气污染造成的健康损失。①室内空气污染的人口暴露量难以估计，同时也缺乏明确的剂量反应关系，因此，没有评价室内空气污染造成的经济损失；②由于缺乏臭氧和铅的监测数据，臭氧对人体健康的影响无法估算。

（2）大气污染造成的林业损失。由于缺乏暴露反应关系研究，同时，相应的统计数据也难以获得，因此，没有估算大气污染造成的林业损失。

（3）大气污染造成的清洁和劳务费用增加。由于清洁和劳务增加费用调查的数据整理工作尚未完成，本次核算无法将这部分损失纳入其中。

5.2.2 核算结果分析

2004 年利用污染损失法核算的大气污染造成的环境退化成本为2 198.0 亿元，其中，大气污染造成的城市居民健康损失最大，达到1 527.4 亿元，大气污染造成的农业减产损失为 537.8 亿元，大气污染造成的材料损失为 132.8 亿元，各项损失占总大气污染退化成本的比例见图 5-2。

（1）大气污染造成的健康经济损失。经过核算，2004 年全国由于大气污染造成的经济损失高达 1 527.4 亿元。东、中、西 3 个地区的大气污染健康损失分别为 975.2 亿元、346.6 亿元和 205.5 亿元。在全国 30 个省级行政地区中，江苏、广东和山东 3 个省的大气污染健康损失最高，海南、青海和宁夏 3 省的健康损失最低。从大气污染对健康造成的物理影响来看，大气污染相对严重的北方地区远远高于南方地区，但东部地区由于人口基数大、人均 GDP 高，大气污染造成的健康经济损失较高。

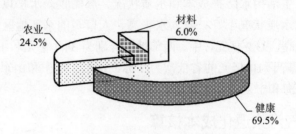

图 5-2　各项损失占总大气污染退化成本的比例

（2）大气污染造成的农业经济损失。2004 年由于大气污染造成的农业减产经济损失为 550.8 亿元，在水稻、小麦、油菜籽、棉花、大豆和蔬菜 6 类核算的农产品中，蔬菜的减产损失最大，达到 448.9 亿元，占整个大气污染农业经济损失的 84%，水稻、小麦、油菜籽、棉花、大豆和蔬菜的经济损失分别为 33.9 亿元、22.7 亿元、15.1 亿元、5.2 亿元和 11.9 亿元，图 5-3 为各项农产品损失占总损失的比例。

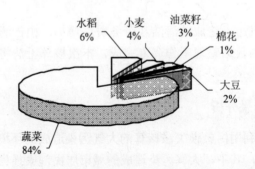

图 5-3　2004 年各项农产品损失占总空气污染农业经济损失的比例

东、中、西 3 个地区的大气污染农业损失分别为 253.0 亿元、168.7 亿元和 116.2 亿元。在全国 30 个省级行政地区中，湖南、浙江、河北、山东和广东的大气污染减产损失列前 5 位，农业污染减产损失占农业总产值比例最高的是山西，高达 10%，其次为浙江 8.9%、上海 8.4%、贵州 7.0%、重庆 6.8%和湖南 6.6%。山西大气污染造成农业严重减产的主要原因是全省 SO_2 浓度严重超标，一半以上监测地区的 SO_2 浓度超过 200 mg/m³，同时，粉尘污染对这项损失的贡献也不可小觑。湖南、浙江等南方地区的大气污染农业经济损失的主要诱因是酸雨。

（3）大气污染造成的材料经济损失。2004 年大气污染造成的材料经济损失为 132.8 亿元，在核算的 14 个省市中，广东、浙江、江苏 3 个省的材料经济损失之和为 70.37 亿元，占总材料经济损失的 53.0%，其主要原因在于这 3 个省的建筑密度高、材料存量大。13 种核算材料中，大理石的经济损失最大，为 30.5 亿元，占总材料经济损失的 23.0%。

5.3 固废污染和污染事故退化成本核算

5.3.1 结果说明

（1）固体废物造成的损失。固体废物、尤其是危险废物随意堆放或堆放场地防渗措施不合格造成的土壤和地下水污染损失由于缺乏统计调查数据，所造成的损失难以估算。

（2）污染事故造成的经济损失。由于缺乏统一科学的污染事故统计和经济评价体系与方法，环境统计的污染事故经济损失明显偏低。

5.3.2 核算结果分析

（1）固体废物造成的环境退化成本。2004 年全国工业固废的新增堆放量为 1 762 万 t，经过粗略测算，约新增侵占土地 617.7 万 m²，其中，山地 471.6 万 m²，农田 146.1 万 m²，由此丧失的土地机会成本约为 0.91 亿元。同时，2004 年全国城市生活垃圾的新增堆放量为 6 667.5 万 t，农村生活垃圾的新增堆放量约为 6 458.0 万 t，经测算全国生活垃圾侵占土地约新增 3 576.9 万 m²，其中，山地 2 719.6 万 m²，农田 857.2 万 m²，由此丧失的土地机会成本约为 5.56 亿元。

工业固废和生活垃圾两项合计，造成的环境退化成本为 6.5 亿元。其中，东部地区 2.48 亿元，中、部地区 2.13 亿元，西部地区 1.86 亿元。东部地区的固废环境退化成本主要来自生活垃圾，占城市生活垃坂堆放总量的 45.0%；中、西部地区的环境退化成本主要来自工业固废，中部和西部地区分别占工业固废堆放总量的 41.8%和 53.3%。

（2）环境污染事故造成的环境退化成本。2004 年全国共发生环境污染与破坏事故 1 441 起，其中，特大事故 25 起，重大事故 29 起，较大事故 166 起，一般事故 1 221 起，污染事故造成的直接经济损失为 3.33 亿元。

另据农业部和国家环保总局联合发布的 2004 年度《中国渔业生态环境状况公报》[①]，2004 年全国共发生渔业污染事故 1 020 次，造成直接经济损失 10.8 亿元。与 2003 年相比，污染事故发生次数略有下降，但直接经济损失增加 3.7 亿元。因环境污染造成可测算天然渔业资源经济损失 36.5 亿元，其中内陆水域天然渔业资源经济损失为 8.6 亿元，海洋天然渔业资源经济损失为 27.9 亿元。

两项统计来源合计，2004 年全国环境污染事故造成的环境退化成本为 50.9 亿元。

5.4 综合分析

5.4.1 结果说明

（1）污染损失核算缺项和不足之处。污染损失涵盖的范围非常广泛，但或由于缺乏统计或监测数据、或由于核算方法或剂量反应关系研究的不成熟，还有多项污染损失没有核算在内，已经核算的损失项也存在一定的缺陷。例如，前面水污染和大气污染退化成本核算说明中提到的室内空气污染、替代水源经济损失等，此外，从污染介质来看，噪声、辐射和光热污染等造成的经济损失由于物理暴露量难以估算，也没有包括在本次核算范围之内。

（2）核算结果说明。由于没有各省污染事故造成的渔业经济损失数据，因此，各地区环境退化成本加和小于全国的环境退化成本。此外，由于西藏自治区的数据资料不完整，在进行全国省级行政区比较时，没有包括西藏自治区。

5.4.2 核算结果分析

（1）环境退化成本总量分析。2004 年利用污染损失法核算的总

[①] 公报中仅公布全国由于污染事故造成的渔业经济损失，没有各省的损失数据。

环境污染退化成本为 5 118.2 亿元，占 2004 年国内生产总值 16.76
万亿元的 3.05%。其中，大气污染造成的环境污染退化成本为 2 198.0
亿元，占总退化成本的 42.9%；水污染造成的环境退化成本为 2 862.8
亿元，占总退化成本的 55.9%；固废堆放侵占土地造成的环境退化
成本为 6.5 亿元，占总退化成本的 0.1%；污染事故造成的经济损失
为 50.9 亿元，占总退化成本的 1.1%。各项污染损失占总环境污染退
化成本的比例见图 5-4。

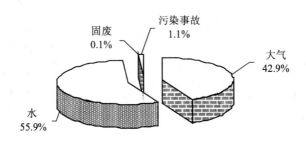

图 5-4　各项污染损失占总环境污染退化成本的比例

（2）地区环境退化成本分析。东部 11 省市的环境退化成本为
2 832.0 亿元，占全国环境退化成本的 55.3%；中部 8 省市的环境退
化成本为 1 321.4 亿元，占全国环境退化成本的 25.8%；西部 12 省
市的环境退化成本为 917.4 亿元，占全国环境退化成本的 17.9%。3
个地区的环境退化成本和占各地区 GDP 的比例如图 5-5 所示。

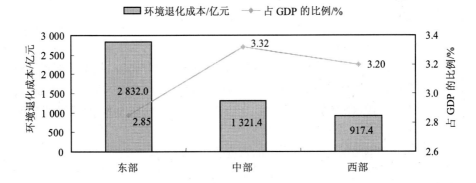

图 5-5　各地区的环境退化成本和占各地区 GDP 的比例

图 5-6 为各省大气和水环境退化成本占各省总环境退化成本的

比例。这里值得注意的一点是，一般人们认为宁夏、内蒙古、河北、山西、陕西和甘肃等几个中、西部北方省份的大气污染较为严重，但图 5-6 显示，这几个省水污染造成的损失比例都高于大气污染，这说明北方地区水污染形势日趋严峻。福建、湖北、浙江、上海和广东等几个南方省份的大气污染损失比例较高，其主要原因是这些地区的酸雨污染较为严重，对农作物和材料的危害较大。

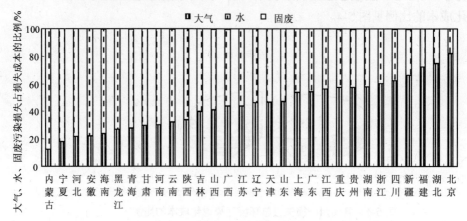

图 5-6　30 个省大气、水和固废污染损失成本占总损失成本的比例

5.4.3 污染损失核算结果的启示

（1）根据模型的不完全计算，2004 年环境污染的经济损失。低估（大气污染引起早死经济损失，按人力资本法计算）5 236.0 亿元，占同期地区合计 GDP 的 3.05%；高估（大气污染引起早死经济损失，按支付意愿法计算）10 417 亿元，占地区合计 GDP 的 6.22%。

（2）环境污染造成的危害中，健康危害是最值得关注的。PM_{10} 对人体健康的危害极大，据国际多方面的研究，PM_{10} 浓度对健康的危害没有阈值，在浓度极低时对人体仍有危害，特别是对老人、儿童和体弱者等敏感人群。核算结果表明，城市空气质量达到 II 级标准仅是初级目标，在空气质量达到 II 级标准之后，不可盲目乐观，要继续向更清洁、更安全的目标迈进。

（3）水污染对人们健康危害的最大受害者是农民，2004 年农村自来水普及率仅为 60%，而且自来水的达标率也比较低，还有 20% 的农民饮用沟塘水、窖水等不安全饮用水，对健康有极大的危害。我国正在建设和谐社会、环境友好型社会，保证农民能喝上清洁的水是十分紧迫的任务。

水污染与健康危害问题复杂，缺乏可靠和必要的数据，本研究中得到的核算结果是非常粗略的估算，建议环境保护部与卫生部等相关部门继续开展合作，解决这一世界性的难题。

（4）水污染是造成我国缺水的一个重要原因，污染型缺水带来的经济损失高达 1 478 亿元，占同期地区合计 GDP 的 0.88%，污染造成的缺水已经对国家的可持续发展战略构成威胁。

（5）本次污染损失评估是中国专家和国际专家合作的成果，按照国际公认的方法，采用中国自己的剂量反应关系和基础数据，获得的结果科学、客观，与国外研究成果有可比性。

（6）环境污染损失的计量，不管是在学术上还是实践应用上，都是一个非常重要、科学性很强的课题，是环境经济核算的重要内容，应该在本项研究的基础上进一步努力，不断完善它的方法论，为科学决策提供有力的支持。

第 6 章

经环境污染调整的 GDP 核算

6.1 结果说明

（1）全国 2004 年生产总值（GDP）数据采用最新公布的按经济普查结果重新调整的数据，总量为 159 878 亿元，报告中称为产业合计 GDP。

（2）各省市的 2004 年 GDP 数据采用经济普查后国家统计局审核的数据，由于各省市 GDP 加总数并不等于全国数，所以在总量上有所差别，31 个省市 GDP 总量为 167 601 亿元，报告中称为地区合计 GDP。

（3）对于 2004 年各产业部门和各工业行业的增加值也是采用经济普查后的数据。

（4）在核算经环境污染调整的 GDP 时，只对虚拟治理成本（治理成本法）进行调整核算，对污染损失成本（污染损失法）不进行调整核算，只计算其占 GDP 的比例。

（5）本报告中的 GDP（或增加值）污染扣减指数是指虚拟治理成本占 GDP 的百分数。

6.2 总量分析

从经环境污染调整的 GDP 全国总量核算结果来看，2004 年，全国行业合计 GDP 为 159 878 亿元，虚拟治理成本为 2 874.43 亿元，经虚拟治理成本调整的生产总值为 157 003.61 亿元，GDP 污染扣减指数为 1.80%，即虚拟治理成本占整个 GDP 的比例为 1.80%图（6-1）。

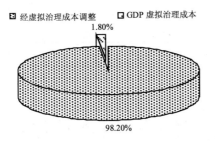

图 6-1　全国环境污染虚拟治理成本与生产总值的比较

6.3 地区分析

6.3.1 中、东、西部虚拟治理成本分析

从经环境污染调整的 GDP 地区核算结果来看，东部 11 省市的虚拟治理成本合计为 1 125.26 亿元，占全国虚拟治理成本的比重为 39.1%；中部 8 省市的虚拟治理成本合计为 857.4 亿元，占全国虚拟治理成本的比重为 29.8%；西部 12 省市的虚拟治理成本合计为 891.76 亿元，占全国虚拟治理成本的比重为 31.1%。如图 6-2 所示。

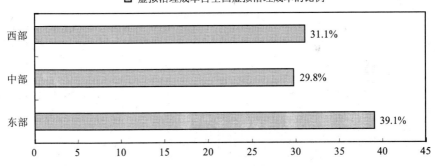

图 6-2　地区环境虚拟治理成本与全国虚拟治理成本的比较

东部 11 省市的虚拟治理成本占其 GDP 的平均比例为 1.13%，中部 8 省市的虚拟治理成本占其 GDP 的平均比例为 2.17%，西部 12 省市虚拟治理成本占其 GDP 的平均比例为 3.12%。由此可见，西部地区由于经济不发达，传统经济增长方式带来的环境污染较为严重，整个虚拟治理成本占 GDP 的比例较高，比东部发达地区高出约 2 个

百分点，见图 6-3。

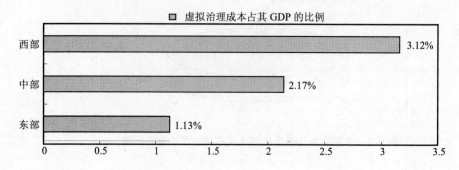

图 6-3　地区环境虚拟治理成本占其 GDP 的比例

6.3.2　全国 31 个省市 GDP 与 GDP 污染扣减指数分析

图 6-4 为各省市 GDP 与 GDP 污染扣减指数排序。从图中可以看出，2004 年西藏自治区 GDP 污染扣减指数最低，为 0.38%，其次为北京市，GDP 扣减指数为 0.43%，说明这两个地区污染物排放较少，对环境污染程度较小。GDP 污染扣减指数最高的两个省分别是贵州省和广西壮族自治区，GDP 污染扣减指数分别为 4.41% 和 5.97%，此结果说明这两个西部省份对环境污染影响较大。

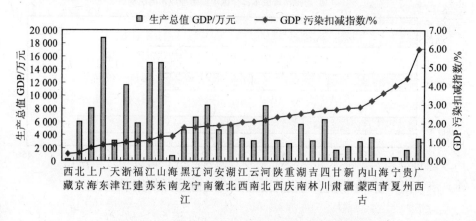

图 6-4　全国 31 个省市的 GDP 及 GDP 扣减指数

6.3.3　全国 31 个省市 GDP 与经环境污染调整后 GDP 对比

图 6-5 是全国 31 个省市的 GDP 与经环境污染调整后的 GDP 对

比分析图。从图中可以看出，经环境污染调整后的各省市 GDP 的排序与 GDP 排序基本相同。其中，在排序上稍微有所变化的省份是吉林、天津、湖北、湖南、江苏、山东。

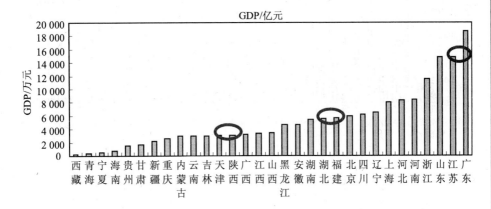

图 6-5　全国 31 个省市的 GDP 与经环境污染调整后的 GDP 对比

6.3.4 全国 31 个省市虚拟治理成本与污染损失成本对比分析

图 6-6 是全国 31 个省市的虚拟治理成本与污染损失成本与占其 GDP 的比例对比分析图。从图中可以看出，虚拟治理成本与污染损失成本占各地区 GDP 的比例并不完全一致。在东部和中部地区的省市中，其污染损失成本一般要高于虚拟治理成本，其中，河北、江苏、山东和广东的污染损失成本要远高于其虚拟治理成本。在西部 12 省市中，除了西藏较为特殊外，有 5 个省市的虚拟治理成本超过了污染损失成本，分别是广西、四川、贵州、青海和新疆，差不多占了一半，其中广西的虚拟治理成本为 204.99 亿元，污染损失成本为 76.4 亿元，虚拟治理成本是污染损失成本的 2.7 倍。

通过虚拟治理成本和污染损失成本的对比分析可以初步得出结论，在东部和中部经济较为发达的省市中，由于环境容量较小、人口基数大、经济总量大，其污染损失成本较大；相反，在西部经济较为落后的地区，由于环境容量较大、人口基数小、经济总量低，其虚拟治理成本所占比例较高。

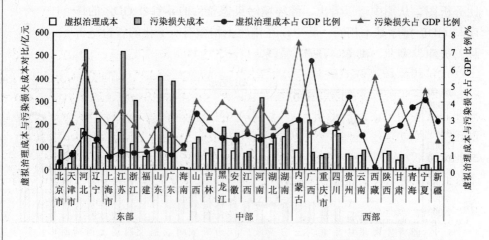

图 6-6　各省市的虚拟治理成本与污染损失成本对比分析

6.4　行业分析

6.4.1　三大产业部门

从经环境污染调整的 GDP 产业部门核算结果来看，2004 年，第一产业部门虚拟治理成本为 330.73 亿元，占其增加值的比例为 1.58%；第二产业虚拟治理成本为 1 790.27 亿元，占其增加值的比例为 2.42%；第三产业（包括城市生活）虚拟治理成本为 753.43 元，占第三产业增加值的比例为 1.16%。如图 6-7 所示。

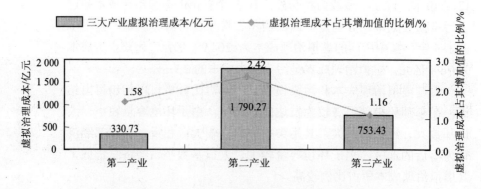

图 6-7　三大产业虚拟治理成本及占其增加值的百分比

6.4.2 39 个工业行业

从工业各行业来看，增加值污染扣减指数最低的行业是自来水生产业，扣减指数为 0.04%；其次为烟草制品业、家具制造业、印刷业和通信业，扣减指数为 0.05%，不超过 0.1% 的行业还有电气机械业和文教用品业等，说明这些行业污染物排放少，对环境污染程度较小。增加值污染扣减指数最高的两个行业分别是有色金属矿采选业和造纸及纸制品业，分别为 11.63% 和 30.13%，此结果说明这两个行业的经济与环境效益比最低，见图 6-8。

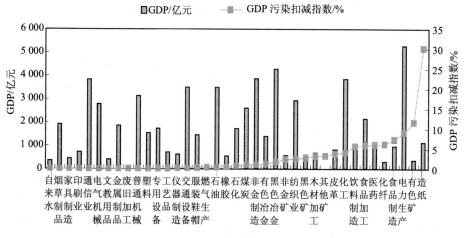

图 6-8　39 个工业行业增加值及其污染扣减指数

6.4.3 39 个工业行业增加值与经环境污染调整后的增加值对比

图 6-9 是 39 个工业行业的增加值与经环境污染调整后的增加值对比分析图。从图中可以看出，经环境污染调整后的各行业排序与调整前排序基本相同。其中，在排序上变化较大的行业是造纸行业和通信设备制造业。

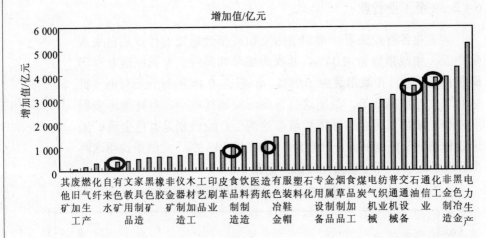

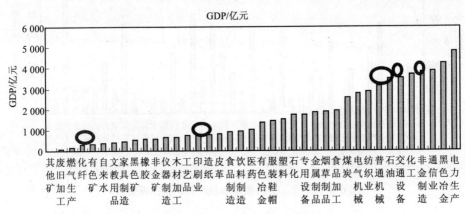

图 6-9　39 个工业行业的增加值与经环境污染调整后的增加值对比

第7章
结论和建议

本报告提出了中国环境经济核算体系框架，明确了水污染、大气污染和固体废物污染的核算范围，探讨了水污染实物量核算、大气污染实物量核算、固体废物污染实物量核算的方法，建立了水污染价值量核算、大气污染价值量核算、固体废物价值量核算的模型，并按地区和按产业部门对基于环境污染调整的国内生产总值进行了核算，并初步核算得出了 2004 年中国经环境污染调整的绿色 GDP。主要结论如下：

7.1 构建了中国绿色国民经济核算体系框架

通过学习和借鉴国内外资源环境经济核算的相关经验，结合中国的实际国情，建立了《中国资源环境经济核算体系框架》和《中国环境经济核算体系框架》。针对环境污染（不包括资源）专题，构建了环境实物量核算、环境价值量核算、环境保护投入产出核算、经环境调整的绿色 GDP 核算的基本内容体系，为环境经济核算提供了基本方法规范。

7.2 建立了环境经济核算的理论与方法体系

对建立绿色国民经济核算体系的现实需求和理论方法基础进行了归纳总结，提出了一整套完整的环境经济核算方法，明确了水污染、大气污染和固体废物污染的核算范围，明确了水污染实物量核算、大气污染实物量核算、固体废物污染实物量核算的方法，建立了水污染价值量核算、大气污染价值量核算、固体废物价值量核算的模型，并给出了有关技术参数，建立了按地区和按产业部门对基于环境污染调整的国内生产总值核算的方法体系。

7.3 基于环境统计核算了环境污染实物量

2004 年核算的全国废水排放量 607.2 亿 t，统计量为 482 亿 t，核算量是统计量的 1.26 倍；全国化学需氧量排放量核算结果为 2 109.3 万 t，统计量为 1 339 万 t，核算量是统计量的 1.58 倍；全国 SO_2 排放量核算结果为 2 450 万 t，统计量为 2 255 万 t，核算量是统计量的 1.09 倍。水污染物核算量与统计量的差异主要原因是核算包含了第一产业的内容，同时还对工业废水的污染物排放量进行了调整；大气污染物核算量与统计量的差异主要在于核算所采用的能源消耗量和污染物排放因子与环境统计有所差别。

7.4 虚拟治理成本核算结果表明我国环境治理投资严重不足

2004 年全国虚拟治理成本为 2 874.4 亿元，其中水污染虚拟治理成本为 1 808.7 亿元，大气污染虚拟治理成本为 922.3 亿元，固体废物污染虚拟治理成本为 143.5 亿元，分别占整个虚拟治理成本总计的 62.9%、32.1%、5.0%；2004 年全国 GDP 为 159 878 亿元，经虚拟治理成本调整的 GDP 为 157 004 亿元，虚拟治理成本占整个 GDP 的比例为 1.8%，即 2004 年全国 GDP 污染扣减指数为 1.8%。

核算表明，如果在现有的治理技术水平下全部处理 2004 年点源排放到环境中的污染物，需要一次性直接投资约为 10 800 亿元，占当年 GDP 的 6.8% 左右，其中，规模化畜禽养殖废水治理投资 270 亿元、农村生活废水治理投资 1 700 亿元、工业废水治理投资 3 100 亿元、城市污水处理厂治理投资 1 800 亿元、工业废气治理投资 2 100 亿元、燃气改造和集中供热设施投资 1 250 亿元、工业固废治理投资 380 亿元、城市生活垃圾处理厂投资 200 亿元。同时每年还需另外花费治理运行成本 2 874 亿元（虚拟治理成本），占当年工业合计 GDP 的 1.80%。

2004 年我国用于环境污染的治理投资为 1 940 亿元，仅占当年 GDP 的 1.2%；同时，2004 年我国实际发生的运行成本只占需求总量的 25%，而水污染实际投入的运行成本仅占需求总量的 16%，其中，电力和造纸行业是虚拟治理成本最高的两个行业，分别占全国环境污染虚拟治理成本的 16.6% 和 11.9%，分别占当年行业合计 GDP 的 0.299% 和 0.214%。无论从治理投资还是运行成本的角度来看，环境治理投入的差距都非常巨大。

7.5　环境退化成本揭示了经济发展的环境代价

2004 年全国用污染损失表示的环境退化成本为 5 118.2 亿元，其中水环境退化、大气环境退化、固体废物和污染事故成本分别为 2 862.8 亿元、2 198.0 亿元、57.4 亿元，分别占整个环境退化成本的 55.9%、42.9% 和 1.2%；全国环境退化成本占地方 GDP 总计的比例为 3.05%。核算表明，环境污染造成的健康危害最值得关注，2004 年环境污染造成的健康损害占全部环境退化成本的 33%。

7.6　基于环境因素调整的 GDP 核算方法切实可行

该项工作尽管还存在技术方法、统计数据和生态破坏损失缺项等问题，但从初步核算来看，采用治理成本方法核定虚拟污染治理成本，然后核算经环境污染调整的 GDP 是可行的，可以在地方统计和环保部门推广使用；运用环境污染损失法核算环境退化成本基本符合中国实际，对于环境经济综合决策具有重要的参考意义，在国家层面上可以采用。

开展绿色国民经济核算是一项意义深远的工作。为了保证绿色 GDP 核算下一步工作的顺利开展，提出以下建议：

7.6.1　继续完善绿色 GDP 核算方法

绿色 GDP 核算是一个复杂的体系，尽管提出了测算模型与方法，但仍有许多理论和方法上的难题没有解决，下一步的完善工作主要从以下几个方面考虑：①继续完善绿色国民经济核算体系的理论框架；②进一步研究生态破坏实物量核算与自然资源的实物量核算的技术方法；③进一步研究环境污染损失与生态破坏损失的价值量核算技术方法；④开展全国环境污染损失和生态破坏损失调查与核算，为绿色 GDP 核算提供数据基础。

7.6.2　继续加强各部门之间的协调沟通

资源环境经济核算涉及部门广泛，无论是全面的绿色国民经济核算，还是分主题的局部核算，都需要不同机构之间的合作配合，这是核算得以实施的组织保证。在绿色国民经济核算初期，主要是各种主题式的核算，建议采取各主管部门牵头组织、国家统计局协调、有关科研机构介入的方式，在统一的《中国资源环境经济核算体系框架》下组织实施；在具备一定核算基础之后，着手建立全面的绿色国民经济核算时，建议由国家统计局统一组织、各主管部门和科研机构配合的方式，以保证核算的全面性和完整性。此外，地方层面也应加强协调沟通。

7.6.3 保证绿色 GDP 试点工作顺利进行

试点工作关系到整个绿色 GDP 核算工作的成败，通过前一阶段的培训和调查，发现地方环保和统计部门在协调合作、任务分工、技术方法掌握程度、数据调查和核算过程的审核、监督等方面都存在一些问题。为了保证试点工作的顺利进行，确保调查数据、核算结果真实可靠，今后需从以下几方面开展工作：一是加强对试点各省市的统一领导，明确有关部门的职责；二是加强对试点省市核算工作的技术培训、技术指导；三是加强国家层面技术组和地方试点技术组之间的沟通渠道畅通。

7.6.4 加快建立绿色 GDP 核算的相关制度

绿色 GDP 核算的相关制度建设对保证绿色 GDP 核算的顺利实施至关重要，需要引起有关部门的高度重视，应加快建立和完善。①完善现行的资源环境统计制度；②开展研究如何利用绿色 GDP 核算过程和结果指标制定环境经济政策，如环境税收、环境补偿、政府领导干部绩效考核制度等；③建立相关的标准法规制度，如绿色 GDP 核算方法和标准的统一规范、核算过程的监督管理制度、核算结果发布制度和奖惩制度等；④实施绿色 GDP 核算的工作制度。

7.6.5 正确开展绿色 GDP 核算的宣传教育工作

推行绿色 GDP 核算，是对我国国民经济核算方法和社会经济增长评价方法的重大改革，这个改革意味着我国经济发展观的重大转变。要实现这个重大的根本性转变，需要克服许多障碍。首先，要端正各级领导干部的指导思想，转变各级领导干部的观念。一个合格的干部应该具有可持续发展观念和环境保护意识，不应只考虑本地区 GDP 的增长，更应考虑长远利益和全局利益。其次，唤起广大干部和群众的觉悟，为顺利实施绿色 GDP 核算营造一个良好的社会氛围。

7.6.6 充分利用国际合作平台，继续加强国际合作

目前，国际上掀起了新一轮的开展绿色国民经济核算的浪潮。联合国环境署、统计署联合成立了环境经济核算委员会和相应的工作组，推动发展中国家开展绿色国民经济核算。世界银行、欧盟、经济合作与发展组织、亚洲开发银行、挪威、加拿大等都对中国建立绿色国民经济核算体系十分支持，希望与中国合作开展中国绿色国民经济核算的工作。我们应该充分利用这种良好的国际合作平台，把绿色国民经济核算研究工作做好做实，真正建立一个与国际接轨的、逐步完整的绿色国民经济核算体系。

附表 1 按部门分的水污染实物量核算表（2004 年）

行业	重金属			氧化物			COD			石油			氨氮			废水/万 t		
	产生量	去除量	排放量	产生量	去除量	排放量	产生量	去除量	排放量	产生量	去除量	排放量	产生量	去除量	排放量	排放量	排放达标量	排放未达标量
种植业	—	—	—	—	—	—	2 780 508	0	2 780 508	—	—	—	556 102	0	556 102	1 203 593	0	1 203 593
畜牧业	—	—	—	—	—	—	5 104 054	3 861 824	1 242 231	—	—	—	499 576	380 178	119 398	23 819	5 563	18 257
农村生活	—	—	—	—	—	—	1 344 962	20 468	1 324 495	—	—	—	131 646	2 047	129 599	20 737	0	20 737
小计	—	—	—	—	—	—	9 229 525	3 882 291	5 347 234	—	—	—	1 187 324	382 225	805 099	1 248 150	5 563	1 242 587
比例/%	—	—	—	—	—	—	24.0	22.3	25.4	—	—	—	36.6	37.7	36.1	20.6	0.2	33.8
煤炭	—	—	0.763	6.707	5.514	1.193	363 727	272 960	90 768	497.9	323.9	173.9	1 642.1	336.3	1 305.8	57 258	42 944	14 315
石油	—	—	0.101	0.000	0.000	0.000	248 962	156 938	92 024	87 321.9	58 213.6	29 108.3	6 123.4	1 981.1	4 142.3	11 882	7 961	3 921
黑色矿	—	—	6.124	0.000	0.000	0.000	53 758	33 672	20 086	37.0	23.3	13.6	364.1	12.4	351.7	16 407	13 125	3 281
有色矿	—	183.063	2 763.324	2 487.103	276.220	216 060	156 256	59 804	186.8	5.9	180.8	2 989.5	144.3	2 845.2	31 853	22 297	9 556	
非金矿	—	—	4.043	0.000	0.000	0.000	38 655	16 073	22 581	49.5	19.1	30.4	108.8	8.0	100.8	10 846	8 135	2 712
其他矿	—	—	0.176	0.000	0.000	0.000	492	117	375	6.5	3.1	3.4	0.0	0.0	0.0	281	219	62
食品加工	—	—	1.131	9.337	3.710	5.627	1 856 810	948 135	908 675	1 082.8	556.6	526.2	47 200.7	8 230.9	38 969.8	117 970	79 040	38 930
食品制造	—	—	0.848	2.469	1.003	1.467	796 592	497 442	299 151	537.1	336.5	200.7	74 918.3	38 835.2	36 083.0	42 734	29 486	13 247
饮料制造	—	—	0.020	0.342	0.100	0.242	986 515	606 716	379 799	198.4	106.0	92.4	11 430.6	4 670.8	6 759.8	38 457	26 920	11 537
烟草制品	—	—	0.014	0.000	0.000	0.000	9279	2 323	6 956	94.4	61.1	33.3	471.5	265.8	205.7	3 563	2 672	891

污染物/t

第一产业　第二产业

行业	重金属 产生量	重金属 去除量	重金属 排放量	氰化物 产生量	氰化物 去除量	氰化物 排放量	COD 产生量	COD 去除量	COD 排放量	石油 产生量	石油 去除量	石油 排放量	氨氮 产生量	氨氮 去除量	氨氮 排放量	排放量	废水/万t 排放达标量	废水/万t 排放未达标量
纺织业	—	—	2.362	411.882	352.522	59.360	1 384 815	90 6291	478 524	921.8	535.7	386.1	22 626.1	7 595.0	15 031.1	176 272	144 543	31 729
服装鞋帽	—	—	0.029	7.806	6.718	1.089	46 374	25 626	20 748	14.3	1.1	13.2	2 041.3	1 177.4	863.8	13 054	11 096	1 958
皮革	—	—	26.190	1.514	1.203	0.311	359 565	226 948	132 616	87.1	33.7	53.4	10 059.6	2 016.4	8 043.1	18 879	14 348	4 531
木材加工	—	—	0.001	0.260	0.201	0.060	87 726	42 357	45 369	78.2	21.6	56.6	1 455.1	310.9	1 144.2	9 571	7 465	2 106
家具制造	—	—	0.291	3.032	2.507	0.526	2 685	820	1 865	44.2	17.3	26.9	46.7	4.6	42.2	595	464	131
造纸	—	—	1.145	105.852	81.714	24.138	7 154 920	4 170 168	2 984 752	1 623.6	860.2	763.4	60 283.9	14 418.1	45 865.9	365 093	255 565	109 528
印刷业	—	—	0.091	0.434	0.201	0.233	5 241	2 595	2 647	1 679.4	1 412.7	266.7	110.6	10.1	100.4	1 580	1 280	300
文教用品	—	—	0.145	4.962	4.211	0.751	2 006	711	1 295	6.3	1.0	5.3	57.6	6.2	51.4	832	649	183
石化	—	—	4.807	2 154.557	1 816.851	337.706	515 645	387 926	127 719	151 918.2	129 526.5	22 391.8	122 948.4	93 332.0	29 616.4	70 363	59 809	10 554
化工	—	—	148.316	6 466.410	5 241.004	1 225.405	1 615 598	89 4901	720 696	41 358.4	30 419.0	10 939.4	505 280.9	246 221.4	259 059.5	370 280	288 818	81 462
医药	—	—	0.767	34.363	25.166	9.198	772 170	491 458	280 713	11 848.6	9 115.3	2 733.3	20 430.6	8 290.8	12 139.8	49 238	37 913	11 325
化纤	—	—	0.615	17.039	9.324	7.714	306 794	196 882	109 912	1 016.7	515.6	501.1	8 461.6	5 571.8	2 889.8	54 376	46 763	7 613
橡胶	—	—	0.108	0.000	0.000	0.000	13 403	5 237	8 166	494.4	318.5	175.8	834.9	298.3	536.6	6 905	6 215	691
塑料	—	—	0.374	0.000	0.000	0.000	20 506	13 246	7 259	62.4	31.1	31.4	182.0	40.2	141.8	3 218	2 896	322
非金属制造	—	—	1.287	32.558	26.369	6.189	127 151	55 285	71 866	1 867.1	1 220.1	647.0	2 903.7	1 126.2	1 777.5	54 773	43 271	11 502
黑色冶金	—	—	109.260	5 853.472	4 674.924	1 178.548	414 088	186 719	227 369	5 8818.7	42 854.7	15 963.9	53 581.9	32 197.4	21 384.5	214 090	169 131	44 959
有色冶金	—	—	309.644	203.820	187.290	16.530	48 932	17 382	31 550	1 804.1	1 381.1	423.0	12 308.8	4 485.6	7 823.2	40 742	31 778	8 963

第二产业

行业	重金属			氧化物			COD			石油			氨氮			废水/万 t		
	产生量	去除量	排放量	产生量	去除量	排放量	产生量	去除量	排放量	产生量	去除量	排放量	产生量	去除量	排放量	排放量	排放达标量	排放未达标量
金属制品	—	—	34.898	1 172.910	1 070.198	102.712	37 725	20 882	16 843	1 014.4	802.0	212.4	627.6	175.3	452.3	18 191	16 008	2 183
普通机械	—	—	1.562	43.156	35.693	7.463	49 383	24 491	24 892	2 187.5	1 249.0	938.5	859.2	315.5	543.6	22 453	18 636	3 817
专用设备	—	—	1.999	13.825	10.126	3.699	23 479	9 341	14 137	762.9	424.0	338.9	3 840.6	1 439.7	2 400.9	11 977	10 779	1 198
交通设备	—	—	5.333	39.444	34.089	5.355	114 355	45 766	68 589	10 225.9	8 443.8	1 782.1	9 772.2	1 200.0	8 572.3	46 053	40 527	5 526
电气机械	—	—	2.865	17.987	15.741	2.246	31 885	22 647	9 239	302.8	164.3	138.4	576.9	258.2	318.7	9 123	7 937	1 186
通信业	—	—	16.995	30.397	27.672	2.724	51 116	36 175	14 941	303.0	166.5	136.5	1 320.8	479.2	841.5	16 283	14 655	1 628
仪器制造	—	—	4.629	90.606	81.012	9.594	23 139	9 004	14 135	221.9	121.0	100.9	1 280.5	528.8	751.6	11 343	10 209	1 134
工艺品	—	—	0.216	37.268	30.480	6.788	6 323	2 733	3 590	83.8	53.5	30.3	213.7	20.9	192.8	2 391	1 865	526
废旧加工	—	—	0.286	3.792	2.908	0.884	1 184	669	515	27.4	17.5	9.9	15.5	0.9	14.6	308	240	68
电力生产	—	—	11.830	8.261	6.317	1.944	333 454	194 550	138 904	1 882.5	904.2	978.4	5 599.6	1 171.3	4 428.4	288 181	259 363	28 818
燃气生产	—	—	0.020	127.411	88.130	39.280	30 068	18 154	11 914	819.4	562.7	256.7	5 276.6	2 152.3	3 124.4	4 013	3 090	923
小计	882	—	882	19 665	16 330	3 335	18 150 579	10 699 594	7 450 985	381 487	290 823	90 664	998 246	479 329	518 916	2 211 425	1 738 111	473 314
比例/%	100.0	—	100.0	100.0	100.0	100.0	47.2	61.6	35.3	100.0	100.0	100.0	30.7	47.2	23.2	36.4	72.6	12.9
第三产业	—	—	—	—	—	—	4 523 563	1 138 556	3 385 008	—	—	—	429 234	62 520	363 970	1 047 308	274 141	773 167
城市生活	—	—	—	—	—	—	6 561 145	1 651 403	4 909 741	—	—	—	632 040	90 681	544 103	1 565 361	376 326	1 189 035
比例/%	—	—	—	—	—	—	28.8	16.1	39.3	—	—	—	32.7	15.1	40.7	43.0	27.2	53.3
合计	882	—	882	19 665	16 330	3 335	38 464 813	17 371 844	21 092 968	381 487	290 823	90 664	3 246 843	1 014 755	2 232 088	6 072 244	2 394 141	3 678 103

注：1）水污染物包括 COD、NH₃-N、氧化物、石油、重金属 5 类，重金属包括汞、镉、六价铬、铅和砷；
2）由于缺乏统计数据支持，重金属产生量和去除量不核算；
3）简化认为种植业和农村生活污染物产生量与排放量相同，废水排放量与废水排放达标量相等。

附表 2　按地区分的水污染实物量核算表（2004 年）

地区	重金属			氧化物			污染物/t COD			石油			氨氮			废水万 t		
	产生量	去除量	排放量	产生量	去除量	排放量	产生量	去除量	排放量	产生量	去除量	排放量	产生量	去除量	排放量	排放量	排放达标量	排放未达标量
北京	—	—	0.19	52.59	51.00	1.59	590 392	422 527	167 865	2 654	2 189	465	56 155	35 220	20 935	99 960	58 949	41 011
天津	—	—	0.47	29.54	11.00	18.54	437 581	261 710	175 872	2 300	816	1 484	35 368	15 985	19 383	49 944	34 186	15 758
河北	—	—	6.38	887.87	792.00	95.87	2 043 636	888 375	1 155 261	22 304	15 683	6 621	161 177	48 629	112 548	225 874	128 143	97 731
辽宁	—	—	14.10	640.95	365.00	275.95	1 441 079	642 752	798 327	15 274	9 782	5 492	130 697	34 219	96 478	216 146	103 953	112 193
上海	—	—	2.09	376.66	338.00	38.66	841 907	494 070	347 837	13 105	9 071	4 034	57 711	21 440	36 271	203 560	76 766	126 794
江苏	—	—	53.49	1 172.67	866.00	306.67	2 514 416	1 225 366	1 289 050	42 897	36 111	6 786	230 762	104 664	126 097	588 402	299 768	288 634
浙江	—	—	20.37	1 086.87	982.00	104.87	2 438 865	1 600 791	838 075	26 179	22 748	3 431	191 964	96 187	95 777	347 763	177 912	169 852
福建	—	—	6.69	307.91	247.00	60.91	1 212 895	652 884	560 011	4 944	3 687	1 257	95 480	25 401	70 079	257 876	120 506	137 369
山东	—	—	5.77	755.44	703.00	52.44	3 797 267	2 594 127	1 203 140	39 619	36 186	3 433	243 393	115 295	128 098	300 953	163 605	137 348
广东	—	—	35.96	669.08	489.00	180.08	2 512 039	1 134 466	1 377 572	10 254	8 186	2 068	205 479	67 952	137 528	702 355	234 898	467 457
海南	—	—	0.00	0.00	0.00	0.00	245 617	113 540	132 076	19.8	1.0	19	14 405	2 065	12 340	541.04	56 38.1	48 466.0
东部小计	—	—	146	5 980	4 844	1136	18 075 694	10 030 609	8 045 085	179 550	144 460	35 090	1 422 591	567 055	855 535	3 046 937	1 404 325	1 642 612
占全国比例/%			16.5	30.4	29.7	34.0	47.0	57.7	38.1	47.1	49.7	38.7	43.8	55.9	38.3	50.2	58.7	44.7
山西	—	—	2.07	1 458.75	1 231.00	227.75	696 585	178 547	518 038	6 235	2 385	3 850	64 891	10 184	54 706	95 346	32 709	62 637
吉林	—	—	1.81	100.43	57.00	43.43	1 353 739	568 597	785 141	8 269	5 559	2 710	116 967	41 315	75 651	96 439	31 026	65 413
黑龙江	—	—	0.50	168.05	51.00	117.05	1 242 640	476 106	766 534	37 403	33 349	4 054	108 322	27 871	80 450	123 601	44 267	79 334
安徽	—	—	8.60	4 322.42	4 181.00	141.42	1 576 680	780 301	796 379	21 157	16 454	4 703	145 878	42 465	103 411	199 951	75 635	124 316
江西	—	—	44.16	484.04	269.00	215.04	852 055	118 176	733 879	5 417	3 656	1 761	84 107	13 236	70 871	229 688	42 447	187 241
河南	—	—	11.10	1 581.98	1 359.00	222.98	2 644 144	1 486 222	1 157 922	24 570	20 777	3 793	221 439	72 588	148 851	283 963	130 134	153 830
湖北	—	—	23.48	435.75	208.00	227.75	1 302 219	316 410	985 809	19 076	11 096	7 980	150 851	20 186	130 665	302 154	80 387	221 767

地区	重金属			氟化物			COD			石油			氨氮			废水/万t		
	产生量	去除量	排放量	产生量	去除量	排放量	产生量	去除量	排放量	产生量	去除量	排放量	产生量	去除量	排放量	排放量	排放达标量	排放未达标量
中部 湖南	—	—	241.86	1 032.32	705.00	327.32	1 912 620	511 240	1 401 381	6 730	2 447	4 283	196 794	28 472	168 321	386 518	106 779	279 740
中部小计	—	—	334	9 584	8061	1 523	11 580 682	4 435 599	7 145 082	128 857	95 723	33 134	1 089 246	256 318	832 928	1 717 660	543 383	1 174 277
占全国比例/%	—	—	37.8	48.7	49.4	45.7	30.1	25.5	33.9	33.8	32.9	36.5	33.5	25.3	37.3	28.3	22.7	31.9
内蒙古	—	—	27.34	1 194.99	963.00	231.99	777950	351 615	426 335	1 711	1 115	596	68 246	23 141	45 104	57 849	21 925	35 924
广 西	—	—	51.26	938.06	812.00	126.06	2 389 993	835 259	1 554 734	9 155	6 213	2 942	137 202	17 182	120 021	344 956	99 208	245 748
重 庆	—	—	20.96	45.42	20.00	25.42	530 939	101 909	429 030	1 282	544	738	52 975	5 707	47 268	145 023	72 955	72 068
四 川	—	—	23.71	226.68	152.00	74.68	1 870 216	513 471	1 356 745	5 618	2 631	2 987	176 713	56 997	119 715	298 755	109 038	189 718
贵 州	—	—	4.03	394.68	320.00	74.68	395 634	34 993	360 641	1 565	593	972	42 778	3 676	39 102	76 413	9 367	67 046
云 南	—	—	56.14	112.15	47.00	65.15	855 941	351 404	504 537	21 230	20 468	762	78 204	32 121	46 083	127 332	39 647	87 685
西 藏	—	—	23.41	0.00	0.00	0.00	21 989	31	21 957	2	0	2	2 338	3	2 335	8 020	0	8 020
西部 陕西	—	—	11.77	1 113.84	1 081.00	32.84	669 831	212 117	457 714	10 464	555	9 909	52 810	15 261	37 549	84 309	37 634	46 676
甘 肃	—	—	147.78	41.07	13.00	28.07	337 197	109 344	227 853	8 781	6 672	2 109	45 701	8 686	37 015	48 378	17 088	31 289
青 海	—	—	33.20	0.00	0.00	0.00	65 071	16 471	48 600	341	2	339	7 152	641	6 511	15 169	3 573	11 596
宁 夏	—	—	0.84	8.94	1.00	7.94	247 647	145 512	102 135	3 234	3 090	144	25 167	14 573	10 593	26 328	13 567	12 762
新 疆	—	—	2.84	26.06	16.00	10.06	646 030	233 511	412 519	9 698	8 757	941	45 720	13 393	32 327	75 114	22 431	52 683
西部小计	—	—	403	4 102	3 425	677	8 808 437	2 905 636	5 902 801	73 080	50 640	22 440	735 007	191 382	543 625	1 307 647	446 433	861 214
占全国比例/%	—	—	45.7	20.9	21.0	20.3	22.9	16.7	28.0	19.2	17.4	24.8	22.6	18.9	24.4	21.5	18.6	23.4
合计	—	—	882	19 665	16 330	3 335	38 464 813	17 371 844	21 092 968	381 487	290 823	90 664	3 246 843	1 014 755	2 232 088	6 072 244	2 394 141	3 678 103

注：1）水污染物包括 COD、NH_3-N、氟化物、石油类和重金属 5 类，石油类产生量和去除量不核算；
2）由于缺乏统计数据支持，重金属包括汞、镉、六价铬、铅和砷，重金属产生量和去除量不核算。

附表3　按部门分的大气污染实物量核算表（2004年）

	行业	SO₂/万t			烟尘/万t			工业粉尘/万t			NOₓ/万t		
		产生量	去除量	排放量	产生量	去除量	排放量	产生量	去除量	排放量	产生量	去除量	排放量
第一产业	种植业	46.3	0.0	46.3	34.9	0.0	34.9	—	—	—	17.2	0.0	17.2
	畜牧业	—	—	—	—	—	—	—	—	—	—	—	—
	农村生活	107.1	0.0	107.1	80.8	0.0	80.8	—	—	—	8.6	0.0	8.6
	小计	153.4	0.0	153.4	115.7	0.0	115.7	—	—	—	25.7	0.0	25.7
	第一产业比例/%	4.4	0.0	6.3	0.6	0.0	10.6	—	—	—	1.6	0.0	1.6
第二产业	煤炭	44.7	5.7	39.0	120.0	96.8	23.2	28.9	15.1	13.8	18.5	0.0	18.5
	石油	16.1	9.3	6.8	7.6	4.6	3.0	0.3	0.2	0.2	13.5	0.0	13.5
	黑色矿	6.3	0.6	5.7	24.1	22.2	2.0	34.1	30.6	3.6	1.2	0.0	1.2
	有色矿	11.9	5.8	6.2	20.6	17.6	2.9	31.8	29.3	2.6	0.8	0.0	0.8
	非金矿	8.1	2.1	5.9	25.2	20.6	4.6	14.5	8.9	5.7	4.0	0.0	4.0
	其他矿	0.3	0.2	0.1	0.2	0.1	0.1	12.6	10.5	2.2	0.0	0.0	0.0
	食品加工	28.2	8.3	19.9	130.5	104.9	25.6	14.9	13.0	1.9	8.4	0.0	8.4
	食品制造	14.6	4.1	10.5	37.1	31.1	6.0	2.0	1.8	0.3	6.1	0.0	6.1
	饮料制造	14.6	3.2	11.3	48.2	38.6	9.6	0.4	0.1	0.2	5.4	0.0	5.4
	烟草制品	2.2	0.7	1.5	5.0	4.3	0.7	2.0	1.9	0.2	0.9	0.0	0.9
	纺织业	36.9	7.6	29.4	102.0	90.4	11.6	11.7	10.5	1.1	15.8	0.0	15.8
	服装鞋帽	2.9	0.2	2.7	5.9	4.7	1.2	0.9	0.8	0.1	1.7	0.0	1.7
	皮革	2.2	0.4	1.7	7.4	6.1	1.3	0.0	0.0	0.0	0.9	0.0	0.9
	木材加工	6.3	0.8	5.4	20.9	15.1	5.8	19.0	16.8	2.2	2.6	0.0	2.6
	家具制造	0.4	0.1	0.3	4.8	4.6	0.2	0.6	0.6	0.0	0.2	0.0	0.2
	造纸	52.5	13.5	39.1	240.3	217.5	22.8	3.3	1.9	1.4	20.4	0.0	20.4
	印刷业	0.6	0.1	0.6	1.0	0.6	0.3	0.0	0.0	0.0	0.5	0.0	0.5

行业	SO₂/万t			烟尘/万t			工业粉尘/万t			NOₓ/万t		
	产生量	去除量	排放量	产生量	去除量	排放量	产生量	去除量	排放量	产生量	去除量	排放量
文教用品	0.6	0.2	0.4	1.7	1.5	0.2	15.4	15.0	0.3	0.4	0.0	0.4
石化	152.1	79.0	73.1	202.0	154.7	47.3	42.3	24.6	17.6	6.8	0.0	6.8
化工	167.8	62.6	105.1	678.3	627.5	50.8	82.9	63.8	19.1	68.6	0.0	68.6
医药	12.7	3.7	9.0	43.5	39.0	4.5	0.5	0.4	0.1	4.2	0.0	4.2
化纤	15.4	3.8	11.6	100.8	97.1	3.7	1.4	1.2	0.2	6.3	0.0	6.3
橡胶	7.4	2.4	5.0	21.5	19.4	2.1	0.2	0.2	0.0	3.0	0.0	3.0
塑料	3.7	0.3	3.4	3.9	2.5	1.4	4.9	4.5	0.4	2.3	0.0	2.3
非金属制造	231.0	39.2	191.8	502.1	365.4	136.7	6 965.1	6 309.3	655.9	50.9	0.0	50.9
黑色冶金	154.6	35.1	119.5	811.0	756.8	54.2	1 780.3	1 644.6	135.7	166.2	0.0	166.2
有色冶金	492.7	418.2	74.5	271.0	251.0	20.1	295.5	274.2	21.3	16.5	0.0	16.5
金属制品	5.4	0.5	4.8	8.1	5.7	2.4	2.8	2.0	0.9	3.6	0.0	3.6
普通机械	8.6	2.0	6.6	18.7	14.7	4.0	9.9	7.2	2.7	5.0	0.0	5.0
专用设备	6.2	1.4	4.8	12.5	10.2	2.3	3.2	2.7	0.5	3.9	0.0	3.9
交通设备	12.2	1.7	10.5	50.1	42.2	7.9	17.3	12.1	5.3	7.5	0.0	7.5
电气机械	2.4	0.3	2.1	4.0	2.9	1.1	0.9	0.4	0.5	2.1	0.0	2.1
通信业	2.0	0.5	1.5	9.2	7.9	1.3	8.1	7.7	0.3	1.9	0.0	1.9
仪器制造	2.1	0.4	1.7	3.7	3.3	0.4	0.6	0.6	0.1	0.3	0.0	0.3
工艺品	4.5	0.1	4.5	2.7	0.9	1.9	0.9	0.7	0.2	2.1	0.0	2.1
废旧加工	0.1	0.0	0.1	0.2	0.2	0.1	0.0	0.0	0.0	0.1	0.0	0.1
电力生产	1 529.7	175.5	1354.1	15 396.9	14 974.5	422.3	15.4	7.4	8.0	856.1	0.0	856.1
燃气生产	2.6	0.6	2.1	17.9	17.0	0.9	8.7	8.2	0.6	0.2	0.0	0.2

第二产业

行业		SO₂/万t			烟尘/万t			工业粉尘/万t			NOₓ/万t		
		产生量	去除量	排放量	产生量	去除量	排放量	产生量	去除量	排放量	产生量	去除量	排放量
第二产业	自来水	0.8	0.1	0.7	1.0	0.7	0.2	0.0	0.0	0.0	0.2	0.0	0.2
	建筑业	23.5	11.2	12.4	31.8	22.5	9.3	—	—	—	8.3	0.4	7.9
	小计	3 087.0	901.4	2 185.6	18 993.2	18 097.3	895.9	9 433.7	8 528.6	905.1	1 317.6	0.4	1 317.2
	第二产业比例/%	89.4	90.0	89.2	97.9	98.9	81.8	100.0	100.0	100.0	79.8	10.0	80.0
第三产业	第三产业	95.3	45.2	50.1	128.8	91.0	37.8	—	—	—	297.3	1.5	295.8
	城市生活	116.1	55.1	61.1	157.0	111.0	46.1	—	—	—	9.6	1.8	7.8
	第三产业和生活比例/%	6.1	10.0	4.5	1.5	1.1	7.7	—	—	—	18.6	90.0	18.4
	合计	3 451.9	1 001.7	2 450.2	19 394.8	18 299.3	1 095.5	9 433.7	8 528.6	905.1	1 650.2	3.6	1 646.6

附表 4　按地区分的大气污染实物量核算表（2000 年）

地区	SO₂/万 t			烟尘/万 t			工业粉尘/万 t			NOₓ/万 t		
	产生量	去除量	排放量	产生量	去除量	排放量	产生量	去除量	排放量	产生量	去除量	排放量
北　京	37.1	17.4	19.7	245.3	238.3	7.0	126.8	123.2	3.6	28.5	0.2	28.3
天　津	36.9	11.3	25.6	227.7	219.2	8.5	26.0	24.1	1.9	30.0	0.1	29.9
河　北	216.3	60.0	156.3	1 503.6	1 431.2	72.4	619.1	546.7	72.4	115.4	0.1	115.3
辽　宁	177.9	89.4	88.5	1 088.1	1 030.2	57.9	444.6	410.2	34.4	95.6	0.2	95.4
上　海	59.2	8.9	50.4	672.7	660.9	11.8	209.8	208.1	1.7	70.4	0.2	70.2
江　苏	190.7	48.9	141.9	1 270.6	1 229.1	41.5	423.1	387.8	35.3	105.6	0.0	105.6
浙　江	138.7	44.9	93.8	598.7	576.8	21.9	365.9	332.6	33.3	74.8	0.0	74.8
福　建	47.2	10.0	37.2	333.3	322.3	11.0	195.0	177.5	17.5	37.5	0.0	37.5
山　东	266.2	65.9	200.3	1 602.3	1 544.7	57.6	674.7	634.9	39.8	139.0	0.2	138.8
广　东	152.2	19.9	132.4	962.2	936.1	26.1	2 589.8	2 550.4	39.4	111.9	0.0	111.9
海　南	3.2	0.6	2.6	48.6	47.5	1.1	15.2	14.1	1.1	5.7	0.0	5.7
东部小计	1 325.8	377.2	948.6	8 553.2	8 236.4	316.8	5 690.1	5 409.7	280.4	814.2	1.0	813.2
东部占全国比例/%	38.4	37.7	38.7	44.1	45.0	28.9	60.3	63.4	31.0	49.3	28.7	49.4
山　西	180.9	32.4	148.5	1 260.1	1 151.0	109.1	267.6	200.3	67.3	94.9	0.1	94.9
吉　林	43.8	13.7	30.1	684.0	650.1	33.9	171.0	160.2	10.8	41.0	0.0	41.0
黑龙江	52.5	12.2	40.2	838.4	785.6	52.8	76.9	65.3	11.6	56.3	0.0	56.3
安　徽	115.1	61.3	53.8	544.1	518.5	25.6	270.7	224.7	46.0	63.9	0.0	63.9
江　西	132.8	75.3	57.5	620.0	598.1	21.9	242.2	206.8	35.4	35.7	0.0	35.7
河　南	170.1	31.2	138.9	1 440.4	1 363.7	76.7	544.7	472.7	72.0	80.6	0.1	80.5
湖　北	120.3	45.1	75.3	538.8	508.2	30.6	347.9	313.5	34.4	69.1	0.0	69.1

东部

中部

地区	SO₂/万t			烟尘/万t			工业粉尘/万t			NOₓ/万t		
	产生量	去除量	排放量	产生量	去除量	排放量	产生量	去除量	排放量	产生量	去除量	排放量
中部 湖南	146.2	53.2	93.0	480.2	427.1	53.1	337.4	264.8	72.6	43.9	0.0	43.9
中部小计	961.7	324.3	637.4	6 406.0	6 002.3	403.7	2 258.3	1 908.2	350.1	485.6	0.3	485.3
中部占全国比例/%	27.9	32.4	26.0	33.0	32.8	36.9	23.9	22.4	38.7	29.4	7.5	29.5
西部 内蒙古	151.5	23.6	127.9	888.4	822.2	66.2	153.2	117.4	35.8	52.0	0.0	52.0
广 西	144.7	38.4	106.2	418.2	363.5	54.7	376.2	325.0	51.2	30.3	0.0	30.3
重 庆	120.7	34.6	86.1	203.3	182.9	20.4	58.8	36.8	22.0	23.2	0.3	23.0
四 川	168.7	31.2	137.5	465.1	378.6	86.5	245.8	202.0	43.8	61.3	0.8	60.5
贵 州	141.2	17.2	124.0	485.2	453.0	32.2	127.4	102.5	24.9	41.6	0.0	41.6
云 南	108.0	56.3	51.7	672.6	654.2	18.4	147.3	135.0	12.3	38.6	0.0	38.5
西 藏	0.1	0.0	0.1	0.2	0.2	0.2	0.0	0.0	0.0	0.0	0.0	0.0
陕 西	104.9	14.9	89.9	473.8	436.3	37.5	131.1	95.7	35.4	33.6	0.1	33.5
甘 肃	117.2	66.1	51.1	240.9	225.1	15.8	90.1	74.8	15.3	27.7	0.1	27.7
青 海	8.3	0.2	8.1	72.7	65.1	7.6	28.9	20.6	8.3	5.4	0.0	5.3
宁 夏	39.1	6.2	32.9	336.8	327.3	9.5	42.8	34.0	8.8	15.6	0.1	15.6
新 疆	60.0	11.4	48.6	178.5	152.5	26.0	83.8	67.0	16.8	20.9	1.0	20.0
西部小计	1 164.3	300.2	864.1	4 435.6	4 060.6	375.0	1 485.3	1 210.7	274.6	350.4	2.3	348.1
西部占全国比例/%	33.7	30.0	35.3	22.9	22.2	34.2	15.7	14.2	30.3	21.2	63.9	21.1
合计	3 451.9	1 001.7	2 450.2	19 394.8	18 299.3	1 095.5	9 433.7	8 528.6	905.1	1 650.2	3.6	1 646.6

附表 5 按部门分的工业固废污染实物量核算表（2004 年）

行业	产生量/万 t		综合利用量/万 t		处置量/万 t		贮存量/万 t		排放量/万 t	
	工业固废	危险废物	工业固废	危险废物	工业固废	危险废物	工业固废	危险废物	工业固废	危险废物
煤炭	16 878.2	0.05	9 620	0.00	5 216	0.07	2 305	0.00	518	0.00
石油	133.2	17.45	75	4.05	50	12.89	8	0.55	2	0.00
黑色矿	16 705.8	0.00	2 436	0.00	8 792	0.00	6 069	0.00	247	0.00
有色矿	11 664.0	265.48	3 849	15.10	3 255	53.04	4 650	196.71	161	0.50
非金矿	902.1	62.00	489	0.00	99	0.00	269	61.65	30	0.00
其他矿	90.7	0.02	25	0.00	28	0.02	38	0.00	0	0.00
食品加工	1 384.4	0.10	1 225	0.10	59	0.01	18	0.00	42	0.00
食品制造	393.9	0.14	329	0.13	17	0.11	29	0.00	9	0.00
饮料制造	662.5	0.02	616	0.00	14	0.00	0	0.00	9	0.02
烟草制品	61.6	0.00	52	0.00	8	0.00	0	0.00	1	0.00
纺织业	962.5	10.26	840	9.60	49	2.33	2	0.03	43	0.00
服装鞋帽	36.9	0.56	27	0.39	3	0.19	9	0.00	0	0.00
皮革	101.8	3.45	80	1.39	19	1.71	0	0.37	1	0.00
木材加工	166.8	0.32	151	0.02	4	0.09	6	0.24	1	0.00
家具制造	15.7	0.24	13	0.21	3	0.04	0	0.00	0	0.00
造纸	1 305.0	11.13	1 086	8.35	126	2.85	48	0.00	20	0.00
印制业	11.2	0.39	9	0.00	3	0.38	0	0.00	0	0.00
文教用品	10.1	0.05	9	0.03	0	0.01	0	0.00	0	0.00
石化	1 900.3	59.58	1 409	47.00	321	11.68	65	1.99	92	0.00
化工	8 972.4	391.61	6 199	213.71	1 074	142.46	1 602	48.86	116	0.45

第二产业

行业	产生量/万 t 工业固废	产生量/万 t 危险废物	综合利用量/万 t 工业固废	综合利用量/万 t 危险废物	处置量/万 t 工业固废	处置量/万 t 危险废物	贮存量/万 t 工业固废	贮存量/万 t 危险废物	排放量/万 t 工业固废	排放量/万 t 危险废物
医药	257.4	20.08	224	16.93	15	4.82	1	0.62	8	0.00
化纤	344.7	14.55	300	8.44	14	0.90	17	5.25	2	0.00
橡胶	94.0	0.08	86	0.02	3	0.06	2	0.00	0	0.00
塑料	49.2	0.70	47	0.05	1	0.65		0.00	0	0.00
非金属制造	3 581.3	1.51	3 380	0.39	99	0.85	188	0.32	77	0.00
黑色冶金	20 814.3	24.67	15 276	20.14	2 025	5.20	2 892	0.55	231	0.00
有色冶金	4 725.1	52.01	1 646	23.00	1 433	12.30	1 646	25.58	66	0.00
金属制品	103.0	9.19	90	3.43	12	5.47	2	0.34	1	0.00
普通机械	210.4	3.71	169	2.98	26	0.84	2	0.02	9	0.06
专用设备	146.6	1.47	115	0.75	22	0.72	3	0.01	4	0.05
交通设备	358.1	10.25	280	6.13	138	4.09	15	0.07	8	0.00
电气机械	51.5	3.88	44	2.27	4	1.64	1	0.04	1	0.00
通信业	86.2	16.43	71	9.73	12	6.79	2	0.03	0	0.07
仪器制造	64.9	9.48	53	6.75	9	2.72	0	0.04	1	0.00
工艺品	12.3	0.22	10	0.15	1	0.07	0	0.00	0	0.00
废旧加工	12.3	0.24	11	0.22	1	0.01	0	0.01	0	0.00
第三产业　电力生产	25 481.2	2.47	16 895	2.38	3 351	0.11	5 765	0.00	60	0.00
燃气生产	183.5	0.15	146	0.15	24	0.00	12	0.00	0	0.00
自来水	38.1	0.04	12	0.00	30	0.04	0	0.00	0	0.00
合计	118973	994.00	67 393	404.00	26 359	275.16	25 668	343.28	1 761	1.14

附表 6　按地区分的工业固废污染实物量核算表（2004 年）

地区	产生量/万t 工业固废	危险废物	综合利用量/万t 工业固废	危险废物	处置量/万t 工业固废	危险废物	贮存量/万t 工业固废	危险废物	排放量/万t 工业固废	危险废物
北　京	1 299	4.00	969	4.00	235	0.62	101	0.00	10	0.00
天　津	747	6.00	777	5.00	20	0.90	0	0.00	0	0.00
河　北	16 752	13.00	7 513	12.00	5 053	1.20	4 216	0.30	39	0.00
辽　宁	8 832	47.00	3 529	23.00	2 990	16.13	2 315	8.99	12	0.00
上　海	1 775	36.00	1 747	31.00	38	6.05	7	0.03	0	0.00
江　苏	4 587	86.00	4 539	57.00	128	27.95	225	1.64	4	0.00
浙　江	2 298	20.00	2 021	16.00	261	4.12	15	1.07	6	0.00
福　建	3 354	7.00	2 235	5.00	1 050	2.09	77	0.04	0	0.00
山　东	7 857	65.00	7 150	39.00	423	1.24	560	25.33	16	0.08
广　东	2 547	58.00	2 285	27.00	293	33.91	228	0.08	0	0.00
海　南	105	0.00	74	0.00	2	0.00	36	0.00	0	0.00
东部小计	50 152	342.00	32 839	219.00	10 493	94.21	7 780	37.48	87	0.08
东部占全国比例/%	42.2	34.41	48.7	54.21	39.8	34.24	30.3	10.92	5.0	7.42
山　西	10 159	8.00	4 493	6.00	4 337	1.69	803	0.78	619	0.00
吉　林	2 018	8.00	1 061	6.00	92	1.38	924	0.00	1	0.00
黑龙江	3 158	12.00	2 399	12.00	505	0.50	262	0.01	0	0.00
安　徽	3 758	9.00	2 977	2.00	493	2.01	327	5.60	0	0.00
江　西	6 520	4.00	1 665	4.00	4 141	0.05	777	0.01	12	0.00
河　南	5 129	10.00	3 564	10.00	957	0.69	928	0.03	4	0.00
湖　北	3 253	13.00	2 345	13.00	149	1.08	758	0.01	9	0.00

东
部

中
部

地区		产生量/万 t		综合利用量/万 t		处置量/万 t		贮存量/万 t		排放量/万 t	
		工业固废	危险废物	工业固废	危险废物	工业固废	危险废物	工业固废	危险废物	工业固废	危险废物
中部	湖　南	3 239	30.00	2 203	12.00	299	10.18	711	8.35	90	0.11
	中部小计	37 234	94.00	20 707	65.00	10 972	17.58	5 490	14.79	735	0.11
	中部占全国比例/%	31.3	9.46	30.7	16.09	41.6	6.39	21.4	4.31	41.8	9.48
西部	内蒙古	4 661	39.00	1 487	11.00	597	6.26	2 551	21.54	89	0.00
	广　西	3 165	126.00	1 933	20.00	93	30.43	1 014	76.14	132	0.00
	重　庆	1 445	43.00	1 063	30.00	53	8.76	258	11.04	118	0.45
	四　川	5 830	17.00	3 394	13.00	393	0.75	1 967	3.24	121	0.00
	贵　州	4 403	156.00	1 814	24.00	1 158	109.00	1 371	30.90	217	0.00
	云　南	4 032	21.00	1 628	5.00	902	1.21	1 469	14.62	55	0.00
	西　藏	14	0.00	6	0.00	2	0.00	0	0.00	6	0.00
	陕　西	3 816	4.00	830	1.00	1 083	0.34	1 890	3.03	32	0.00
	甘　肃	2 088	50.00	705	8.00	286	2.95	1 092	40.10	57	0.00
	青　海	445	63.00	103	0.00	0	0.14	343	62.18	6	0.00
	宁　夏	601	0.00	335	0.00	236	0.00	71	0.00	3	0.00
	新　疆	1 089	39.00	549	8.00	91	3.53	372	28.22	102	0.50
	西部小计	31 587	558.00	13 847	120.00	4 894	163.37	12 398	291.01	938	0.95
	西部占全国比例/%	26.5	56.14	20.5	29.70	18.6	59.37	48.3	84.77	53.3	83.11
合计		118 973	994.00	67 393	404.00	26 359	275.16	25 668	343.28	1 761	1.14

附表 7　按地区分的生活垃圾污染实物量核算表（2004 年）

地区		产生量/万 t	无害化处理量/万 t					简易处理量/万 t	堆放量/万 t	
			卫生填埋量	堆肥量	无害化焚烧量	小计			有序堆放	无序堆放
东部	北　京	491.0	368.2	17.5	7.1	392.8	0.0	98.2	0.0
	天　津	251.1	43.3	67.4	0.0	110.7	70.9	0.0	69.5
	河　北	897.7	228.3	67.7	14.6	310.6	196.5	233.9	156.7
	辽　宁	964.6	330.9	39.2	14.8	384.9	281.7	112.2	185.8
	上　海	609.7	15.8	38.9	68.6	123.3	486.4	0.0	0.0
	江　苏	1 326.3	694.5	31.3	17.9	743.7	37.5	36.5	508.6
	浙　江	896.4	476.1	0.0	129.4	605.5	46.8	52.9	191.2
	福　建	434.3	194.0	16.0	9.8	219.8	40.0	30.8	143.8
	山　东	1 614.9	796.3	264.6	4.9	1 065.8	120.3	56.8	372.1
	广　东	1 922.3	663.9	0.0	94.0	757.9	441.9	361.8	360.8
	海　南	108.2	51.9	3.5	0.4	55.8	26.3	0.2	26.0
	东部小计	9 516.5	3 863.1	546.0	361.5	4 770.6	1 748.1	983.3	2 014.5
	东部占全国比例/%	49.6	56.1	74.8	80.5	59.1	39.2	33.0	54.7
中部	山　西	592.4	77.6	9.4	0.0	87.0	188.5	316.9	0.0
	吉　林	617.7	270.4	11.0	19.1	300.4	182.1	89.3	45.9
	黑龙江	1 059.7	263.8	1.2	9.3	274.3	393.7	391.7	0.0
	安　徽	637.9	102.7	6.2	10.3	119.2	203.5	144.2	171.1
	江　西	398.6	126.1	0.0	0.0	126.1	118.3	14.3	139.9
	河　南	1 005.0	280.9	87.5	8.5	376.9	227.4	77.2	323.5

地区	产生量/万t	无害化处理量/万t				简易处理量/万t	堆放量/万t	
		堆肥量	卫生填埋量	无害化焚烧量	小计		有序堆放	无序堆放
中部 湖北	1 125.1	9.4	503.4	0.0	512.8	135.3	243.2	233.8
湖南	658.3	0.0	159.0	0.0	159.0	244.1	85.8	169.4
中部小计	6 094.6	124.7	1 783.8	47.1	1 955.6	1 693.0	1 362.6	1 083.5
中部占全国比例/%	31.8	17.1	25.9	10.5	24.2	38.0	45.7	29.4
西部 内蒙古	342.5	0.0	135.9	0.1	136.0	85.9	107.3	13.3
广西	354.6	11.7	115.2	12.3	139.2	70.2	19.3	125.9
重庆	352.2	0.0	116.4	0.0	116.4	120.1	0.7	115.0
四川	746.8	27.9	206.2	25.3	259.5	123.1	197.3	166.9
贵州	232.6	9.1	70.4	1.0	80.5	86.0	36.0	30.1
云南	251.7	10.7	138.9	1.4	150.9	25.5	23.7	51.6
西藏	38.0	0.0	0.0	0.0	0.0	0.0	38.0	0.0
陕西	410.7	0.0	127.8	0.0	127.8	166.9	55.6	60.5
甘肃	314.6	0.0	113.1	0.0	113.1	143.0	36.0	22.5
青海	57.7	0.0	55.1	0.0	55.1	0.0	2.7	0.0
宁夏	135.3	0.0	39.6	0.0	39.6	11.6	84.2	0.0
新疆	345.3	0.0	123.6	0.3	123.8	184.3	37.2	0.0
西部小计	3 582.0	59.4	1 242.1	40.4	1 341.8	1 016.6	637.9	585.8
西部占全国比例/%	18.7	8.1	18.0	9.0	16.6	22.8	21.4	15.9
合计	19 193.1	730.0	6 888.9	449.0	8 067.9	4 457.7	2 983.7	3 683.8

附表 8　按部门分的水污染价值量核算表（2004 年）

行业		重金属		氧化物		COD		石油		氨氮		废水/万元	
		实际	虚拟	实际	虚拟	实际	虚拟	实际	虚拟	实际	虚拟	实际	虚拟
第一产业	种植业	—	—	—	—	309 539.5	808 392.4	—	—	—	—	—	—
	畜牧业	—	—	—	—	61 498.0	2 185 926.2	—	—	6 833.1	242 880.7	343 933	878 506
	农村生活	—	—	—	—	371 037.5	2 994 318.7	—	—	41 226.4	312 993.9	68 331	2 428 807
	小计	—	—	—	—	—	—	—	—	—	—	412 263.9	3 307 312.6
	第一产业比例/%	—	—	—	—	18.0	17.7	—	—	9.1	29.1	12.0	18.3
第二产业	煤炭	329.844	0.015	850.6	0.058	34 734.7	157 460.0	2 300.7	24.89	1 129.8	69.9	39 345	157 555
	石油	267.093	0.001	0.0	0.000	19 602.5	43 795.4	90 315.1	79 497.83	1 525.9	145.6	111 711	123 439
	黑色矿	3 546.946	2.834	0.0	0.000	13 912.1	30 221.3	227.7	0.42	18.5	0.7	17 705	30 225
	有色矿	12 469.394	193.623	11 378.1	253.257	14 536.1	61 114.9	6.8	0.11	44.0	8.4	38 434	61 570
	非金属矿	949.863	0.981	0.0	0.000	5 818.1	27 806.4	88.6	0.71	13.4	0.3	6 870	27 808
	其他矿	195.861	0.053	0.0	0.000	373.5	180.0	135.2	0.73	0.0	0.0	705	181
	食品加工	27.712	0.001	60.0	0.012	44 228.6	1 209 358.9	414.7	8.18	15 354.5	17 087.4	60 085	1 226 455
	食品制造	33.515	0.001	33.6	0.002	61 751.6	645 567.4	519.1	4.53	30 654.8	36 683.7	92 993	682 256
	饮料制造	16.420	0.000	3.0	0.000	39 589.0	547 125.1	145.8	0.61	14 536.6	3 393.3	54 291	550 519
	烟草制品	1.607	0.000	0.0	0.000	741.6	5 202.6	265.2	11.09	592.5	116.6	1 601	5 330
	纺织业	480.772	0.015	17 920.2	13.265	130 690.0	680 386.5	1 253.7	6.56	51 467.4	7 987.3	201 802	688 394
	服装鞋帽	4.664	0.000	488.7	0.163	6 855.7	38 029.2	3.7	0.02	2 028.1	444.5	9 381	38 474
	皮革	3 407.616	11.240	33.4	0.001	23 381.9	323 674.7	43.1	0.30	1 216.9	969.6	28 083	324 656
	木材加工	0.034	0.000	5.5	0.000	4 256.0	215 750.0	27.5	2.16	187.8	227.9	4 477	215 980
	家具制造	41.564	0.030	303.2	0.374	345.3	1 318.9	96.6	6.62	10.3	0.8	797	1 327
	造纸	73.393	0.000	4 801.6	0.436	339 053.0	3 323 431.3	2 327.1	7.27	18 809.5	2 688.7	365 071	3 326 128

行业	污染物/万元										废水/万元	
	重金属		氧化物		COD		石油		氨氮			
	实际	虚拟	实际	虚拟	实际	虚拟	实际	虚拟	实际	虚拟	实际	虚拟
印刷业	4.530	0.001	8.5	0.003	400.1	1 314.7	1 277.3	526.77	7.8	0.9	1 698	1 842
文教用品	28.679	0.020	204.5	0.708	423.8	2 206.2	7.8	0.21	20.0	3.9	685	2 211
石化	1 042.304	0.053	28 118.9	95.535	22 459.9	25 177.8	92 298.3	22 594.47	34 561.2	8 526.0	178 481	56 394
化工	10 904.954	19.457	83 069.3	1 163.361	130 441.7	937 336.5	44 405.9	6 032.92	91 665.4	224 698.5	360 487	1 169 251
医药	22.752	0.001	632.5	0.384	39 383.4	636 162.4	5 386.2	1 055.18	18 392.9	12 193.3	63 818	649 411
化纤	72.301	0.002	928.4	0.334	36 371.0	162 527.4	2 363.8	59.98	6 603.5	736.3	46 339	163 324
橡胶	55.391	0.001	0.0	0.000	9 733.1	14 373.7	2 708.0	107.27	2 433.5	224.1	14 930	14 705
塑料	441.199	0.047	0.0	0.000	5 509.7	9 469.4	160.3	1.48	99.1	3.2	6 210	9 474
第二产业　非金属制造	703.245	0.041	3 801.1	1.012	28 787.6	77 632.8	8 097.9	244.90	3 761.2	238.1	45 151	78 117
黑色冶金	12 930.356	11.306	144 465.0	1 294.429	38 277.5	57 726.7	111 640.5	14 724.04	43 207.4	5 816.0	350 521	79 572
有色冶金	52 588.424	756.040	11 354.1	8.278	3 734.5	4 533.9	3 855.0	78.16	6 272.6	1 792.0	77 805	7 168
金属制品	21 773.419	44.840	30 140.8	173.554	4 037.6	3 326.2	1 941.4	25.12	207.9	4.4	58 101	3 574

行业		重金属		氧化物		污染物/万元 COD		石油		氨氮		废水/万元	
		实际	虚拟	实际	虚拟	实际	虚拟	实际	虚拟	实际	虚拟	实际	虚拟
第二产业	普通机械	190.847	0.057	1 575.3	2.139	3 945.1	15 592.3	2 537.9	471.05	321.4	26.3	8 571	16 092
	专用设备	238.050	0.082	1 022.0	0.620	5 998.7	12 139.3	1 970.4	119.04	597.8	195.0	9 827	12 454
	交通设备	2 572.832	0.362	7 335.7	0.984	35 315.9	52 922.7	24 208.6	1 174.05	5 116.5	909.4	74 550	55 008
	电气机械	831.107	0.452	1 384.9	0.561	7 432.9	10 812.0	665.6	18.07	531.0	25.3	10 846	10 856
	通信业	9 566.068	9.056	4 029.8	0.581	19 648.8	13 553.8	1 116.6	8.76	1 609.4	59.3	35 971	13 631
	仪器制造	1 902.248	0.881	8 132.0	7.417	11 215.8	13 149.6	1 940.9	20.22	4 284.3	253.5	27 475	13 432
	工艺品	745.775	0.191	806.7	6.164	912.7	3 217.4	227.9	8.45	35.8	6.4	2 729	3 239
	废旧加工	1 910.026	0.040	6 799.9	0.414	13 943.1	430.5	4 569.3	3.37	68.5	0.1	27 291	434
	电力生产	4 619.182	1.106	880.1	0.030	100 027.3	211 938.6	5 800.7	107.82	3 564.4	228.5	114 892	212 276

行业		重金属		氰化物		COD		石油		氨氮		废水/万元	
		实际	虚拟	实际	虚拟	实际	虚拟	实际	虚拟	实际	虚拟	实际	虚拟
第二产业	燃气生产	1.440	0.000	1 489.8	10.795	1 757.6	3 370.1	678.4	34.91	1 309.9	625.0	5 237	4 041
	小计	144 997.4	1 052.7	372 057.4	3 034.9	1 259 626.7	9 579 336.5	416 029.5	126 988.3	362 261.2	326 390.3	2 554 972	10 036 803
	第二产业比例/%	100.0	100.0	100.0	100.0	61.2	56.7	100.0	100.0	80.3	30.4	74.2	55.5
第三产业		—	—	—	—	177 378.6	1 712 441.7	—	—	19 708.7	174 705.7	197 087	1 887 147
城市生活		—	—	—	—	251 337.5	2 594 239.9	—	—	27 926.4	261 169.4	279 264	2 855 409
第三产业和生活比例/%		—	—	—	—	20.8	25.5	—	—	10.6	40.5	13.8	26.2
合计		144 997	1 053	372 057	3 035	2 059 380	16 880 337	416 029	126 988	451 123	1 075 259	3 443 587	18 086 672

污染物/万元

附表 9 按地区分的水污染值量核算表（2004 年）

地区	污染物/万元										废水/万元	
	重金属		氧化物		COD		石油		氨氮			
	实际	虚拟	实际	虚拟	实际	虚拟	实际	虚拟	实际	虚拟	实际	虚拟
北京	196.28	0.2	7 283.7	1.4	74 045.5	109 856.9	7 824.4	651.7	13 861.8	11 177.4	103 212	121 688
天津	368.85	0.6	415.2	16.9	40 101.9	131 378.9	13 191.8	2 078.3	9 752.3	10 348.3	63 830	143 823
河北	12 656.24	7.6	26 459.9	87.2	125 027.8	1 045 392.3	30 122.5	9 274.1	32 038.8	59 355.2	226 305	1 114 117
辽宁	9 002.03	16.8	14 720.2	251.1	67 801.0	584 853.0	28 358.1	7 692.1	8 886.8	47 936.3	128 768	640 749
上海	1 007.57	2.5	27 491.1	35.2	102 048.4	226 653.0	36 342.1	5 650.1	27 600.1	17 635.9	194 489	249 977
江苏	5 302.36	63.8	40 940.6	279.1	231 519.7	1 006 748.4	43 961.4	9 505.4	52 764.8	57 020.6	374 489	1 073 617
浙江	1 701.65	24.3	17 821.3	95.4	176 324.1	740 575.9	23 690.7	4 805.6	42 932.1	52 346.8	262 470	797 848
福建	1 622.16	8.0	3 849.1	55.4	66 485.1	394 808.1	2 536.4	1 760.1	13 346.6	32 764.1	87 839	429 396
山东	25 848.91	6.9	37 062.5	47.7	183 060.7	1 069 607.6	51 504.2	4 807.8	40 372.4	70 673.3	337 849	1 145 143
广东	6 650.01	42.9	32 901.2	163.9	224 654.6	1 011 168.8	32 983.5	2 896.5	45 121.1	62 945.6	342 310	1 077 218
海南	2.44	0.0	0.0	0.0	6 245.5	77 161.9	5.7	26.3	654.4	4 717.8	6 908	81 906
东部小计	64 358.5	173.6	208 944.7	1 033.3	1 297 314.2	6 398 205.0	270 521.0	49 148.1	270 742.6	138 826.1	2 052 008	6 933 463
东部占全国比例/%	44.4	16.5	56.2	34.0	63.0	37.9	65.0	38.7	65.3	36.2	63.2	37.9
山西	14 813.3	2.5	35 325.8	207.2	70 745.4	476 010.6	9 475.6	5 392.5	16 128.6	11 997.5	144 709	536 696
吉林	187.4	2.2	2 227.3	39.5	53 915.8	551 630.9	3 189.5	3 796.3	7 095.9	6 392.6	64 319	511 547
黑龙江	14 291.2	0.6	3 653.9	106.5	84 703.2	515 952.3	56 210.7	5 678.6	12 326.6	7 472.8	158 654	598 981
安徽	4 036.9	10.3	19 591.9	128.7	56 198.9	537 570.6	6 460.3	6 586.8	13 450.1	15 455.1	94 286	547 892
江西	6 174.0	52.7	13 420.6	195.7	26 307.9	468 057.5	3 885.9	2 466.0	7 356.4	6 248.3	55 909	520 616
河南	755.7	13.2	23 699.6	202.9	96 812.9	1 022 007.7	17 841.8	5 313.0	19 876.2	34 764.3	144 435	1 049 926
湖北	4 898.6	28.0	6 677.4	207.2	39 993.4	668 377.5	4 212.5	11 177.0	10 630.0	23 419.2	63 414	776 422

地区		污染物/万元											
		重金属		氰化物		COD		石油		氨氮		废水/万元	
		实际	虚拟	实际	虚拟	实际	虚拟	实际	虚拟	实际	虚拟	实际	虚拟
中部	湖　南	9 515.8	288.6	7 820.9	297.8	48 761.9	1 002 110.8	2 981.1	5 999.4	11 797.9	74 168.7	80 878	1 082 865
	中部小计	54 672.9	398.0	112 417.2	1 385.6	477 439.6	5 241 717.9	104 257.6	46 409.6	108 730.3	375 718.3	857 518	5 665 630
	中部占全国比例/%	37.7	37.8	30.2	45.7	23.2	31.1	25.1	36.5	24.1	34.9	24.9	31.3
西部	内蒙古	1 211.0	32.6	4 644.6	211.1	34 744.0	372 375.8	1 814.4	834.5	4 780.5	21 621.9	47 194	395 076
	广　西	3 279.8	61.2	11 325.7	114.7	42 405.2	1 603 210.7	432.5	4 120.3	7 281.5	61 929.5	64 725	1 669 436
	重　庆	1 829.2	25.0	1 833.0	23.1	23 712.0	373 138.9	6 219.8	1 033.1	4 584.8	24 251.8	38 179	398 472
	四　川	2 797.5	28.3	13 484.6	68.0	49 974.8	1 181 126.1	7 441.1	4 183.5	15 318.4	60 404.0	89 016	1 245 810
	贵　州	1 659.6	4.8	4 382.8	68.0	15 318.6	220 367.3	398.5	1 361.3	2 868.3	17 308.1	24 628	239 109
	云　南	4 678.6	67.0	3 240.5	59.3	31 362.2	371 163.3	7 306.0	1 067.9	4 646.4	18 637.4	51 234	390 995
	西　藏	13.6	27.9	0.0	0.0	166.4	5 732.4	0.0	2.1	35.1	1 049.6	215	6 812
	陕　西	4 474.1	14.0	6 323.3	29.9	19 722.8	404 208.9	1 087.4	13 878.5	5 256.3	19 956.7	36 864	438 088
	甘　肃	4 047.7	176.3	2 925.8	25.5	19 840.4	187 555.6	6 424.2	2 953.9	3 007.0	22 457.3	36 245	213 169
	青　海	388.4	39.6	0.0	0.0	3 645.7	32 341.9	0.0	475.2	448.2	3 357.3	4 482	36 214
	宁　夏	99.0	1.0	53.5	7.2	8 923.8	108 546.2	1 426.4	201.8	1 716.7	5761.7	12 219	114 518
	新　疆	1 487.5	3.4	2 481.7	9.2	34 810.6	380 646.7	8 700.7	1 318.6	5 118.3	15 884.5	52 599	397 862
	西部小计	25 966.0	481.1	50 695.5	615.9	284 626.5	5 240 413.8	41 250.9	31 430.6	55 061.3	272 619.7	457 600	5 545 561
	西部占全国比例/%	17.9	45.7	13.6	20.3	13.8	31.0	9.9	24.8	12.2	25.4	13.3	30.7
合计		144 997	1 053	372 057	3 035	2 059 380	16 880 337	416 029	126 988	451 123	1 075 259	3 443 587	18 086 672

附表 10 按部门分的大气污染价值量核算表(2004 年)

行业	SO₂/万元		烟尘/万元		工业粉尘/万元		NOₓ/万元		总治理成本/万元	
	实际	虚拟	实际	虚拟	实际	虚拟	实际	虚拟	实际	虚拟
种植业	—	—	—	—	—	—	—	—	—	—
畜牧业	—	—	—	—	—	—	—	—	—	—
农村生活	0	0	0	0	—	—	0	0	0	0
小计	0.0	0.0	0.0	0.0	0.0	—	0.0	0.0	0.0	0.0
第一产业比例/%	0.0	—	0.0	—	0.0	—	0.0	—	0.0	—
煤炭	2 929	32 769	8 136	3 248	1 964	3 163	0	56 058	13 029	95 239
石油	3 886	5 715	385	423	23	36	0	40 960	4 293	47 134
黑色矿	311	4 804	1 863	274	3 972	820	0	3 727	6 146	9 625
有色矿	2 486	5 168	1 483	409	3 802	593	0	2 530	7 771	8 700
非金矿	1 122	4 994	1 734	646	1 152	1 300	0	12 114	4 008	19 054
其他矿	90	114	8	10	1 359	498	0	46	1 457	668
食品加工	3 976	16 728	8 812	3 590	1 686	437	0	25 568	14 474	46 323
食品制造	2 153	8 858	2 611	839	230	60	0	18 535	4 994	28 293
饮料制造	1 699	9 513	3 243	1 346	15	57	0	16 459	4 957	27 374
烟草制品	365	1 247	360	100	246	35	0	2 831	971	4 213
纺织业	4 007	24 668	7 599	1 620	1 368	260	0	47 870	12 974	74 418
服装鞋帽	128	2 268	395	170	105	23	0	5 201	627	7 662
皮革	230	1 457	509	187	0	4	0	2 828	739	4 476
木材加工	440	4 572	1 267	809	2 185	509	0	7 871	3 893	13 762
家具制造	49	263	384	29	80	2	0	708	513	1 002
造纸	7 144	32 823	18 277	3 196	245	331	0	61 940	25 665	98 290
印刷业	34	479	54	44	0	0	0	1 394	89	1 916

第一产业:种植业、畜牧业、农村生活、小计、第一产业比例/%

第二产业:煤炭、石油、黑色矿、有色矿、非金矿、其他矿、食品加工、食品制造、饮料制造、烟草制品、纺织业、服装鞋帽、皮革、木材加工、家具制造、造纸、印刷业

行业	SO$_2$/万元		烟尘/万元		工业粉尘/万元		NO$_x$/万元		总治理成本/万元	
	实际	虚拟	实际	虚拟	实际	虚拟	实际	虚拟	实际	虚拟
文教用品	96	314	126	30	1 954	80	0	1 129	2 176	1 554
石化	33 276	61 402	13 004	6 616	3 199	4 057	0	20 553	49 478	92 628
化工	29 783	88 321	52 731	7 108	8 292	4 389	0	207 773	90 806	307 590
医药	1 929	7 551	3 279	624	53	24	0	12 582	5 262	20 781
化纤	1 950	9 730	8 159	520	152	48	0	19 145	10 261	29 443
橡胶	1 264	4 233	1 627	300	26	7	0	9 103	2 917	13 643
塑料	140	2 871	210	194	584	97	0	6 888	934	10 050
非金制造	18 011	161 110	30 704	19 135	231 662	42 632	0	154 211	280 377	377 089
黑色冶金	16 443	100 373	63 598	7 582	213 668	31 216	0	503 505	293 708	642 676
有色冶金	173 074	62 588	21 089	2 811	35 622	4 908	0	49 924	229 785	120 231
金属制品	273	4 063	480	335	254	197	0	10 863	1 007	15 458
普通机械	922	5 550	1 232	564	936	626	0	15 253	3 090	21 993
专用设备	733	4 050	860	320	349	108	0	11 749	1 942	16 227
交通设备	884	8 839	3 548	1 100	1 568	1 210	0	22 780	6 001	33 930
电气机械	157	1 801	245	156	54	117	0	6 463	456	8 537
通信业	249	1 247	662	182	1 004	78	0	5 705	1 915	7 213
仪器制造	205	1 403	277	52	74	14	0	869	557	2 338
工艺品	41	3 747	71	264	85	55	0	6 408	198	10 474
废旧加工	12	71	16	7	0	5	0	289	28	372
电力生产	147 990	1 828 096	898 846	42 231	967	1 832	0	2 594 034	1 047 803	4 466 193
燃气生产	260	1 742	1 427	125	1 064	127	0	651	2 752	2 645
自来水	46	552	62	34	0	0	0	714	108	1 301

第二产业

	行业	SO₂/万元		烟尘/万元		工业粉尘/万元		NOₓ/万元		总治理成本/万元	
		实际	虚拟	实际	虚拟	实际	虚拟	实际	虚拟	实际	虚拟
第二产业	建筑业	86 929	85 358	175 108	643 78			2 826	26 278	264 863	176 013
	小计	545 715	2 601 453	1 334 481	171 610	520 003	99 954	2 826	3 993 510	2 403 026	6 866 526
	第二产业比例/%	41.1	77.2	45.9	22.9	100.0	100.0	10.0	79.8	50.3	74.5
第三产业	第三产业	351 874	345 512	708 802	260 590	—	—	11 441	985 066	1 072 117	1 591 169
	城市生活	428 856	421 103	863 873	317 602	—	—	13 944	26 108	1 306 673	764 812
	第三产业和生活比例/%	58.9	22.8	54.1	77.1	—	—	90.0	20.2	49.7	25.5
	合计	1 326 445	3 368 068	2 907 157	749 802	520 003	99 954	28 211	5 004 684	4 781 816	9 222 507

附表 11　按地区分的大气污染价值量核算表（2004 年）

地区		SO₂/万元		烟尘/万元		工业粉尘/万元		NOₓ/万元		总治理成本/万元	
		实际	虚拟	实际	虚拟	实际	虚拟	实际	虚拟	实际	虚拟
东部	北 京	112 064	32 468	251 337	12 962	16 341	398	1 754	86 094	381 496	131 921
	天 津	57 235	33 442	136 933	5 756	4 016	210	679	90 879	198 862	130 287
	河 北	99 829	212 073	236 043	62 538	35 990	7 995	409	349 776	372 271	632 383
	辽 宁	185 250	129 010	400 988	62 853	25 869	3 799	1 370	289 885	613 477	485 547
	上 海	30 219	76 436	110 769	20 635	21 439	188	1 880	214 015	164 307	311 273
	江 苏	37 446	172 577	100 650	10 043	28 130	3 898	32	320 795	166 258	507 313
	浙 江	34 741	112 266	56 197	5 899	28 477	3 677	0	227 294	119 416	349 136
	福 建	10 740	45 442	33 458	5 172	18 381	1 933	0	113 992	62 578	166 538
	山 东	61 700	272 406	143 183	41 836	43 548	4 395	1 868	421 573	250 299	740 210
	广 东	11 543	156 176	47 869	5 816	114 399	4 351	0	340 555	173 811	506 898
	海 南	1 389	3 158	4 173	429	667	121	97	17 273	6 325	20 981
	东部小计	642 155	1 245 452	1 521 600	233 938	337 257	30 966	8 089	2 472 131	2 509 101	3 982 487
	东部占全国比例/%	48.4	37.0	52.3	31.2	64.9	31.0	28.7	49.4	52.5	43.2
中部	山 西	62 202	219 000	194 906	76 433	20 032	7 432	647	287 855	277 787	590 720
	吉 林	64 096	44 971	157 231	28 036	4 901	1 193	168	124 492	226 396	198 692
	黑龙江	79 172	57 986	193 920	35 641	1 796	1 281	256	171 159	275 144	266 067
	安 徽	47 237	69 727	64 560	13 439	26 116	5 080	83	194 013	137 996	282 259
	江 西	19 025	73 898	25 175	5 604	7 302	3 909	65	108 783	51 567	192 194
	河 南	17 958	181 731	72 289	27 598	19 947	7 951	805	244 315	111 000	461 595
	湖 北	20 941	99 402	35 126	13 453	18 338	3 799	84	210 246	74 489	326 900

地区		SO$_2$/万元		烟尘/万元		工业粉尘/万元		NO$_x$/万元		总治理成本/万元	
		实际	虚拟	实际	虚拟	实际	虚拟	实际	虚拟	实际	虚拟
中部	湖 南	22 771	131 241	27 305	29 767	15 716	8 017	0	133 644	65 792	302 670
	中部小计	333 403	877 957	770 513	229 969	114 148	38 663	2 107	1 474 508	1 220 172	2 621 097
	中部占全国比例/%	25.1	26.1	26.5	30.7	22.0	38.7	7.5	29.5	25.5	28.4
西部	内蒙古	36 127	169 319	93 973	55 878	3 824	3 954	54	157 921	133 978	387 071
	广 西	12 897	129 873	17 193	9 275	14 643	5 654	0	92 429	44 732	237 232
	重 庆	55 939	122 176	52 048	25 812	4 509	2 430	2 117	69 825	114 614	220 242
	四 川	65 135	183 470	111 556	40 899	15 320	4 837	5 845	183 936	197 857	413 142
	贵 州	8 253	248 012	19 969	44 378	3 555	2 750	210	126 455	31 986	421 595
	云 南	23 980	71 266	42 454	15 819	7 508	1 358	287	117 268	74 228	205 711
	西 藏	0	109	380	24	0	0	0	0	380	133
	陕 西	24 452	120 467	61 353	30 835	5 998	3 909	838	101 965	92 640	257 177
	甘 肃	50 432	65 875	65 013	12 254	4 568	1 690	630	84 057	120 644	163 875
	青 海	1 439	10 664	10 772	6 829	2 616	917	124	16 203	14 951	34 613
	宁 夏	18 282	42 915	44 360	5 877	1 232	972	392	47 346	64 266	97 110
	新 疆	53 951	80 514	95 972	38 014	4 824	1 855	7 520	60 640	162 267	181 023
	西部小计	350 886	1 244 659	615 043	285 894	68 598	30 325	18 015	1 058 045	1 052 543	2 618 923
	西部占全国比例/%	26.5	37.0	21.2	38.1	13.2	30.3	63.9	21.1	22.0	28.4
	合计	1 326 445	3 368 068	2 907 157	749 802	520 003	99 954	28 211	5 004 684	4 781 816	9 222 507

附表 12 按部门分的工业固废价值量核算表（2004 年）

行业	实际治理成本/万元		废物贮存虚拟治理成本/万元		废物排放虚拟治理成本/万元		总实际治理成本/万元	总虚拟治理成本/万元
	一般工业固体废物	危险废物	一般工业固体废物贮存	危险废物贮存	一般工业固体废物排放	危险废物排放		
煤炭	125 116	106	40 335	0	11 389	0	125 222	51 724
石油开采	1 139	19 339	132	817	49	0	20 478	999
黑色矿	220 742	0	106 209	0	5 435	0	220 742	111 644
有色矿	92 529	82 512	81 369	292 119	3 533	746	175 041	377 767
非金矿	3 392	925	4 711	91 550	667	0	4 317	96 928
其他矿	793	30	662	0	0	0	824	662
食品加工	1 386	15	322	0	914	0	1 401	1 236
食品制造	500	166	511	0	198	0	666	708
饮料制造	312	0	0	0	198	30	312	227
烟草制造	170	0	0	0	25	0	170	25
纺织业	1 086	3 492	38	45	939	0	4 578	1 021
服装鞋帽	96	287	151	0	0	0	383	151
皮革	425	2 575	0	550	25	0	3 000	574
木材加工	114	140	114	357	25	0	254	495
家具制造	57	60	0	0	0	0	117	0
造纸	2 990	4 277	832	0	445	0	7 267	1 277
印刷业	57	574	0	0	0	0	631	0
文教用品	0	15	0	0	0	0	15	0

第二产业

93

行业	实际治理成本/万元		废物贮存虚拟治理成本/万元		废物排放虚拟治理成本/万元		总实际治理成本/万元	总虚拟治理成本/万元
	一般工业固体废物	危险废物	一般工业固体废物贮存	危险废物贮存	一般工业固体废物排放	危险废物排放	治理成本/万元	治理成本/万元
石化	7 345	17 547	1 135	2 956	2 026	0	24 892	6 117
化工	30 833	214 418	28 037	72 551	2 545	671	245 251	103 804
医药	345	7 234	19	921	173	0	7 579	1 113
化纤	389	1 424	303	7 799	49	0	1 813	8 151
橡胶	66	91	38	0	0	0	157	38
塑料	28	982	0	0	0	0	1 011	0
非金属制造	3 027	1 274	3 292	475	1 705	0	4 302	5 472
黑色冶金	57 569	7 807	50 607	817	5 089	0	65 376	56 514
有色冶金	38 935	18 838	28 813	37 984	1 458	0	57 773	68 254
金属制品	265	8 212	38	505	25	0	8 477	568
普通机械	576	1 255	38	30	198	0	1 831	265
专用设备	496	1 073	57	15	99	90	1 569	260
交通设备	3 099	6 137	265	104	173	75	9 236	616
电气机械	90	2 464	19	59	25	0	2 554	103
通信业	265	10 187	38	45	0	0	10 452	82
仪器制造	198	4 081	0	59	25	104	4 280	189
工艺品	28	106	0	0	0	0	134	0
第三产业 废旧加工	28	15	0	15	0	0	44	15

行业	实际治理成本/万元		废物贮存虚拟治理成本/万元		废物排放虚拟治理成本/万元		总实际治理成本/万元	总虚拟治理成本/万元
	一般工业固体废物	危险废物	一般工业固体废物贮存	危险废物贮存	一般工业固体废物排放	危险废物排放		
电力生产	99 674	166	100 893	—	1 309	—	99 840	102 202
燃气生产	592	—	208	—	—	—	592	208
自来水	651	60	—	—	—	—	712	—
建筑业	—	—	—	—	—	—	—	—
小计	695 402	417 889	449 185	509 771	38 738	1 716	1 113 292	999 409

第三产业

附表 13 按地区分的工业固废价值量核算表（2004 年）

地区	实际治理成本/万元		废物贮存虚拟治理成本/万元			废物排放虚拟治理成本/万元			总实际治理成本/万元	总虚拟治理成本/万元
	一般工业固体废物	危险废物	一般工业固体废物贮存	危险废物贮存		一般工业固体废物排放	危险废物排放			
北　京	5 633	930	1 768	0		218	0		6 563	1 986
天　津	442	1 350	0	0		0	0		1 792	0
河　北	130 132	1 805	73 775	446		865	0		131 937	75 085
辽　宁	76 195	24 330	40 513	13 350		256	0		100 525	54 119
上　海	866	9 075	122	45		0	0		9 942	167
江　苏	3 831	41 950	3 944	2 435		1	0		45 781	6 381
浙　江	5 807	6 196	261	1 589		97	0		12 003	1 948
福　建	23 444	3 136	1 347	59		127	0		26 580	1 533
山　东	11 819	2 240	9 794	37 615		7	0		14 059	47 416
广　东	7 474	50 866	3 989	119		349	127		58 340	4 583
海　南	206	0	630	0		0	0		206	630
东部小计	265 849	141 877	136 142	55 658		1 921	127		407 726	193 848
东部占全国比例/%	38.23	33.95	30.31	10.92		4.96	7.42		36.62	19.40
山　西	99 035	2 547	14 056	1 158		13 627	0		101 582	28 842
吉　林	6 174	2 070	16 170	0		22	0		8 244	16 192
黑龙江	12 278	750	4 585	15		0	0		13 028	4 600
安　徽	12 319	3 099	5 730	8 316		1	0		15 418	14 047
江　西	94 597	75	13 597	15		258	0		94 673	13 870
河　南	25 237	1 035	16 239	45		92	0		26 272	16 376

地区	实际治理成本/万元		废物贮存虚拟治理成本/万元		废物排放虚拟治理成本/万元		总实际治理成本/万元	总虚拟治理成本/万元
	一般工业固体废物	危险废物	一般工业固体废物贮存	危险废物贮存	一般工业固体废物排放	危险废物排放		
湖　北	6 687	1 620	13 265	15	203	0	8 307	13 483
湖　南	9 772	15 395	12 436	12 400	1 972	163	25 167	26 971
中部小计	266 099	26 592	96 079	21 963	16 176	163	292 691	134 381
中部占全国比例/%	38.27	6.36	21.39	4.31	41.76	9.48	26.29	13.45
内蒙古	24 610	9 713	44 651	31 987	1 966	0	34 323	78 603
广　西	6 599	46 787	17 743	113 068	2 900	0	53 386	133 711
重　庆	2 332	13 306	4 514	16 394	2 585	676	15 638	24 170
四　川	17 502	1 174	34 418	4 811	2 660	0	18 676	41 889
贵　州	31 646	163 964	23 994	45 887	4 766	0	195 609	74 646
云　南	26 452	2 034	25 714	21 711	1 212	0	28 486	48 637
西　藏	44	0	0	0	127	0	44	127
陕　西	32 323	555	33 074	4 500	712	0	32 879	38 286
甘　肃	11 207	5 027	19 108	59 549	1 254	0	16 233	79 911
青　海	1 543	1 143	5 999	92 337	133	0	2 685	98 470
宁　夏	5 512	0	1 243	0	75	0	5 512	1 317
新　疆	3 685	5 718	6 506	41 907	2 251	750	9 404	51 414
西部小计	163 454	249 420	216 965	432 150	20 640	1 426	412 874	671 181
西部占全国比例/%	23.50	59.69	48.30	84.77	53.28	83.11	37.09	67.16
合计	695 402	417 889	449 185	509 771	38 738	1 716	1 113 292	999 409

附表 14　按地区分的生活垃圾价值量核算（2004 年）

地区	清运成本	实际治理成本/万元					虚拟治理成本/万元			总实际治理成本/万元	总虚拟治理成本/万元
		小计	无害化处理成本			简易处理成本	简易处理	有序堆放	无序堆放		
			卫生填埋	堆肥处理成本	无害化焚烧						
北　京	12 275	14 789	12 887	1 050	852	0	0	3 437	0	27 064	3 437
天　津	4 540	5 560	1 516	4 044	0	567	1 914	0	4 170	10 667	6 085
河　北	14 820	13 809	7 991	4 062	1 757	1 572	5 304	8 187	8 617	30 201	22 108
辽　宁	15 576	15 710	11 582	2 352	1 776	2 254	7 606	3 927	10 219	33 539	21 752
上　海	15 243	11 117	553	2 332	8 232	3 891	13 133	1	0	30 250	13 134
江　苏	20 443	28 334	24 308	1 878	2 148	300	1 013	1 278	30 515	49 076	32 805
浙　江	17 630	32 191	16 662	0	15 529	375	1 264	1 852	11 469	50 196	14 585
福　建	7 263	8 924	6 788	960	1 176	320	1 079	1 078	8 626	16 506	10 783
山　东	31 070	44 332	27 871	15 873	588	962	3 247	1 988	22 329	76 364	27 563
广　东	39 038	34 515	23 235	0	11 280	3 535	11 930	12 662	21 646	77 088	46 239
海　南	2 055	2 069	1 817	210	42	210	710	5	1 562	4 334	2 277
东部小计	179 951	211 348	135 207	32 761	43 380	13 985	47 200	34 415	119 155	405 284	200 770
东部占全国比例/%	52.91	62.38	56.08	74.79	80.51	39.22	39.22	32.96	56.48	56.72	46.07
山　西	11 848	3 280	2 716	564	0	1 508	5 090	11 092	0	16 636	16 181
吉　林	11 436	12 410	9 463	657	2 290	1 457	4 917	3 126	2 523	25 302	10 565
黑龙江	21 194	10 420	9 232	72	1 116	3 150	10 630	13 710	0	34 764	24 340
安　徽	9 336	5 201	3 593	372 -	1 236	1 628	5 494	5 046	9 411	16 165	19 951
江　西	5 174	4 414	4 414	0	0	946	3 194	501	7 696	10 534	11 391
河　南	13 630	16 096	9 832	5 250	1 014	1 819	6 140	2 702	17 790	31 546	26 633

东部

中部

| 地区 | 清运成本 | 实际治理成本/万元 | | | | | 虚拟治理成本/万元 | | | 总实际治理成本/万元 | 总虚拟治理成本/万元 |
| | | 小计 | 无害化处理 | | | 简易处理成本 | 简易处理 | 有序堆放 | 无序堆放 | | |
			卫生填埋	堆肥处理成本	无害化焚烧						
湖北	17 826	18 181	17 617	564	0	1 083	3 654	8 512	12 858	37 090	25 024
湖南	9 778	5 565	5 565	0	0	1 953	6 592	3 002	9 316	17 296	18 910
中部小计	100 222	75 567	62 432	7 479	5 656	13 544	45 711	47 690	59 594	189 332	152 994
中部占全国比例/%	29.47	22.30	25.89	17.08	10.50	37.98	37.98	45.67	28.25	26.50	35.11
内蒙古	6 584	4 767	4 755	0	12	687	2 320	3 756	733	12 039	6 808
广西	4 574	6 213	4 033	701	1 480	561	1 895	675	6 925	11 349	9 495
重庆	4 744	4 073	4 073	0	0	961	3 244	24	6 325	9 778	9 593
四川	11 598	11 930	7 218	1 675	3 036	985	3 324	6 907	9 179	24 512	19 410
贵州	4 050	3 130	2 464	546	120	688	2 322	1 260	1 657	7 868	5 239
云南	4 002	5 667	4 861	639	167	204	687	830	2 839	9 873	4 356
西藏	760	0	0	0	0	0	0	1 330	0	760	1 330
陕西	7 004	4 473	4 473	0	0	1 335	4 505	1 944	3 325	12 812	9 774
甘肃	5 842	3 958	3 958	0	0	1 144	3 862	1 259	1 238	10 944	6 360
青海	1 154	1 927	1 927	0	0	0	0	93	0	3 081	93
宁夏	2 706	1 386	1 386	0	0	92	312	2 945	0	4 184	3 257
新疆	6 906	4 354	4 324	0	30	1 475	4 977	1 301	0	12 735	6 278
西部小计	59 924	51 878	43 472	3 561	4 844	8 132	27 447	22 325	32 221	119 934	81 993
西部占全国比例/%	17.62	15.31	18.03	8.13	8.99	22.80	22.80	21.38	15.27	16.78	18.82
合计	340 097	338 792	241 112	43 801	53 880	35 662	120 358	104 430	210 970	714 551	435 757

附表15 污染物（产业部门）价值量核算汇总表（污染治理成本法）（2004年）

	行业	水污染/万元 实际	水污染/万元 虚拟	大气污染/万元 实际	大气污染/万元 虚拟	固体废物污染/万元 实际	固体废物污染/万元 虚拟	合计/万元 实际	合计/万元 虚拟	水污染价值量比例/% 实际	水污染价值量比例/% 虚拟	大气污染价值量比例/% 实际	大气污染价值量比例/% 虚拟	固废污染价值量比例/% 实际	固废污染价值量比例/% 虚拟
第一产业	种植业	—	—	0	0	—	—	0	0	100.0	100.0	0.0	0.0	0.0	0.0
	畜牧业	343 933	878 506	0	0	—	—	343 933	878 506	—	—	—	—	0.0	0.0
	农村生活	68 331	2 428 807	—	—	—	—	68 331	2 428 807	100.0	100.0	0.0	0.0	0.0	0.0
	小计	412 264	3 307 313	0	0	—	—	412 264	3 307 313	—	—	—	—	0.0	0.0
第二产业	煤炭	39 345	157 555	13 029	95 239	125 222	51 724	177 596	304 517	22.2	51.7	7.3	31.3	70.5	17.0
	石油	111 711	123 439	4 293	47 134	20 478	999	136 482	171 572	81.9	71.9	3.1	27.5	15.0	0.6
	黑色矿	17 705	30 225	6 146	9 625	220 742	111 644	244 594	151 494	7.2	20.0	2.5	6.4	90.2	73.7
	有色矿	38 434	61 570	7 771	8 700	175 041	377 767	221 247	448 037	17.4	13.7	3.5	1.9	79.1	84.3
	非金矿	6 870	27 808	4 008	19 054	4 317	96 928	15 195	143 790	45.2	19.3	26.4	13.3	28.4	67.4
	其他矿	705	181	1 457	668	824	662	2 985	1 511	23.6	12.0	48.8	44.2	27.6	43.8
	食品加工	60 085	1 226 455	14 474	46 323	1 401	1 236	75 960	1 274 013	79.1	96.3	19.1	3.6	1.8	0.1
	食品制造	92 993	682 256	4 994	28 293	666	708	98 652	711 257	94.3	95.9	5.1	4.0	0.7	0.1
	饮料制造	54 291	550 519	4 957	27 374	312	227	59 559	578 120	91.2	95.2	8.3	4.7	0.5	0.0
	烟草制品	1 601	5 330	971	4 213	170	25	2 742	9 568	58.4	55.7	35.4	44.0	6.2	0.3
	纺织业	201 812	688 394	12 974	74 418	4 578	1 021	219 364	763 833	92.0	90.1	5.9	9.7	2.1	0.1
	服装鞋帽	9 381	38 474	627	7 662	383	151	10 391	46 287	90.3	83.1	6.0	16.6	3.7	0.3
	皮革	28 083	324 656	739	4 476	3 000	574	31 822	329 706	88.3	98.5	2.3	1.4	9.4	0.2
	木材加工	4 477	215 980	3 893	13 762	254	495	8 624	230 237	51.9	93.8	45.1	6.0	2.9	0.2

行业	水污染/万元 实际	水污染/万元 虚拟	大气污染/万元 实际	大气污染/万元 虚拟	固体废物污染/万元 实际	固体废物污染/万元 虚拟	合计/万元 实际	合计/万元 虚拟	水污染价值量比例/% 实际	水污染价值量比例/% 虚拟	大气污染价值量比例/% 实际	大气污染价值量比例/% 虚拟	固废污染价值量比例/% 实际	固废污染价值量比例/% 虚拟
家具制造	797	1 327	513	1 002	117	0	1 427	2 329	55.8	57.0	35.9	43.0	8.2	0.0
造纸	365 071	3 326 128	25 665	98 290	7 267	1 277	398 003	3 425 695	91.7	97.1	6.4	2.9	1.8	0.0
印刷业	1 698	1 842	89	1 916	631	0	2 418	3 758	70.2	49.0	3.7	51.0	26.1	0.0
文教用品	685	2 211	2 176	1 554	15	0	2 876	3 765	23.8	58.7	75.7	41.3	0.5	0.0
石化	178 481	56 394	49 478	92 628	24 892	6 117	252 851	155 139	70.6	36.4	19.6	59.7	9.8	3.9
化工	360 487	1 169 251	90 806	307 590	245 251	103 804	696 544	1 580 645	51.8	74.0	13.0	19.5	35.2	6.6
医药	63 818	649 411	5 262	20 781	7 579	1 113	76 659	671 305	83.2	96.7	6.9	3.1	9.9	0.2
化纤	46 339	163 324	10 261	29 443	1 813	8 151	58 414	200 918	79.3	81.3	17.6	14.7	3.1	4.1
橡胶	14 930	14 705	2 917	13 643	157	38	18 004	28 386	82.9	51.8	16.2	48.1	0.9	0.1
塑料	6 210	9 474	934	10 050	1 011	0	8 154	19 524	76.2	48.5	11.4	51.5	12.4	0.0
非金属制造	45 151	78 117	280 377	377 089	4 302	5 472	329 830	460 677	13.7	17.0	85.0	81.9	1.3	1.2
黑色冶金	350 521	79 572	293 708	642 676	65 376	56 514	709 605	778 762	49.4	10.2	41.4	82.5	9.2	7.3
有色冶金	77 805	7 168	229 785	120 231	57 773	68 254	365 363	195 654	21.3	3.7	62.9	61.5	15.8	34.9
金属制品	58 101	3 574	1 007	15 458	8 477	568	67 585	19 599	86.0	18.2	1.5	78.9	12.5	2.9
普通机械	8 571	16 092	3 090	21 993	1 831	265	13 492	38 350	63.5	42.0	22.9	57.3	13.6	0.7
专用设备	9 827	12 454	1 942	16 227	1 569	260	13 339	28 941	73.7	43.0	14.6	56.1	11.8	0.9
交通设备	74 550	55 008	6 001	33 930	9 236	616	89 787	89 554	83.0	61.4	6.7	37.9	10.3	0.7
电气机械	10 846	10 856	456	8 537	2 554	103	13 856	19 497	78.3	55.7	3.3	43.8	18.4	0.5
第三产业 通信业	35 971	13 631	1 915	7 213	10 452	82	48 337	20 927	74.4	65.1	4.0	34.5	21.6	0.4

101

行业		水污染/万元		大气污染/万元		固体废物污染/万元		合计/万元		水污染价值量比例/%		大气污染价值量比例/%		固废污染价值量比例/%	
		实际	虚拟	实际	虚拟	实际	虚拟	实际	虚拟	实际	虚拟	实际	虚拟	实际	虚拟
第二产业	仪器制造	27 475	13 432	557	2 338	4 280	189	32 312	15 958	85.0	84.2	1.7	14.7	13.2	1.2
	工艺品	2 729	3 239	198	10 474	134	0	3 061	13 712	89.2	23.6	6.5	76.4	4.4	0.0
	废旧加工	27 291	434	28	372	44	15	27 363	821	99.7	52.9	0.1	45.3	0.2	1.8
	电力生产	114 892	212 276	1 047 803	4 466 193	99 840	102 202	1 262 535	4 780 671	9.1	4.4	83.0	93.4	7.9	2.1
	燃气生产	5 237	4 041	2 752	2 645	592	208	8 580	6 894	61.0	58.6	32.1	38.4	6.9	3.0
	自来水	—	—	108	1 301	712	0	820	1 301	0.0	0.0	13.2	100.0	86.8	0.0
	建筑业	—	—	264 863	176 013	0	0	264 863	176 013	0.0	0.0	100.0	100.0	0.0	0.0
	小计	2 554 972	10 036 803	2 403 026	6 866 526	1 113 292	999 409	6 071 289	17 902 738	42.1	56.1	39.6	38.4	18.3	5.6
第三产业		197 087	1 887 147	1 072 117	1 591 169	—	435 757	1 269 204	3 478 316	15.5	54.3	84.5	45.7	0.0	0.0
城市生活		279 264	2 855 409	1 306 673	764 812	714 551	435 757	2 300 488	4 055 979	12.1	70.4	56.8	18.9	31.1	10.7
合计		3 443 587	18 086 672	4 781 816	9 222 507	1 827 842	1 435 167	10 053 245	28 744 346	34.3	62.9	47.6	32.1	18.2	5.0

附表 16　污染物（地区）价值量核算汇总表（污染治理成本法）（2004 年）

地区	水污染/万元		大气污染/万元		固体废物污染/万元		合计/万元		水污染价值量比例/%		大气污染价值量比例/%		固废污染价值量比例/%	
	实际	虚拟	实际	虚拟	实际	虚拟	实际	虚拟	实际	虚拟	实际	虚拟	实际	虚拟
北京	103 212	121 688	381 496	131 921	33 627	5 423	518 334	259 032	19.91	46.98	73.60	50.93	6.49	2.09
天津	63 830	143 823	198 862	130 287	12 459	6 085	275 151	280 195	23.20	51.33	72.27	46.50	4.53	2.17
河北	226 305	1 114 117	372 271	632 383	162 138	97 194	760 713	1 843 693	29.75	60.43	48.94	34.30	21.31	5.27
辽宁	128 768	640 749	613 477	485 547	134 064	75 871	876 309	1 202 167	14.69	53.30	70.01	40.39	15.30	6.31
上海	194 489	249 977	164 307	311 273	40 192	13 301	398 989	574 551	48.75	43.51	41.18	54.18	10.07	2.32
江苏	374 489	1 073 617	166 258	507 313	94 857	39 186	635 604	1 620 117	58.92	66.27	26.16	31.31	14.92	2.42
浙江	262 470	797 848	119 416	349 136	62 198	16 533	444 084	1 163 517	59.10	68.57	26.89	30.01	14.01	1.42
福建	87 839	429 396	62 578	166 538	43 086	12 316	193 504	608 250	45.39	70.60	32.34	27.38	22.27	2.02
山东	337 849	1 145 143	250 299	740 210	90 423	74 980	678 571	1 960 333	49.79	58.42	36.89	37.76	13.33	3.82
广东	342 310	1 077 218	173 811	506 898	135 428	50 822	651 549	1 634 937	52.54	65.89	26.68	31.00	20.79	3.11
海南	6 908	81 906	6 325	20 981	4 540	2 908	17 773	105 795	38.87	77.42	35.59	19.83	25.54	2.75
东部小计	2 128 470	6 875 481	2 509 101	3 982 487	813 011	394 617	5 450 581	11 252 586	39.05	61.10	46.03	35.39	14.92	3.51
占全国比例/%	61.8	38.0	52.5	43.2	36.6	19.4	54.2	39.1	—	—	—	—	—	—
山西	146 849	512 567	277 787	590 720	118 218	45 023	542 854	1 148 310	27.05	44.64	51.17	51.44	21.78	3.92
吉林	68 885	589 567	226 396	198 692	33 546	26 757	328 827	815 016	20.95	72.34	68.85	24.38	10.20	3.28
黑龙江	173 494	554 635	275 144	266 067	47 792	28 940	496 429	849 641	34.95	65.28	55.42	31.32	9.63	3.41
安徽	100 869	587 737	137 996	282 259	31 583	33 997	270 448	903 993	37.30	65.02	51.02	31.22	11.68	3.76
江西	57 575	497 320	51 567	192 194	105 206	25 261	214 349	714 776	26.86	69.58	24.06	26.89	49.08	3.53
河南	161 944	1 106 127	111 000	461 595	57 818	43 009	330 761	1 610 732	48.96	68.67	33.56	28.66	17.48	2.67

东部

中部

地区	水污染/万元		大气污染/万元		固体废物污染/万元		合计/万元		水污染价值量比例/%		大气污染价值量比例/%		固废污染价值量比例/%	
	实际	虚拟	实际	虚拟	实际	虚拟	实际	虚拟	实际	虚拟	实际	虚拟	实际	虚拟
湖北	67 024	734 810	74 489	326 900	45 397	38 507	186 911	1 100 217	35.86	66.79	39.85	29.71	24.29	3.50
湖南	80 878	1 082 865	65 792	302 670	42 463	45 880	189 133	1 431 415	42.76	75.65	34.79	21.14	22.45	3.21
中部小计	857 518	5 665 630	1 220 172	2 621 097	482 024	287 375	2 559 713	8 574 101	33.50	66.08	47.67	30.57	18.83	3.35
占全国比例/%	24.9	31.3	25.5	28.4	26.3	13.4	25.5	29.8	—	—	—	—	—	—
内蒙古	47 194	395 076	133 978	387 071	46 362	85 412	227 534	867 559	20.74	45.54	58.88	44.62	20.38	9.85
广西	64 725	1 669 436	44 732	237 232	64 735	143 205	174 191	2 049 874	37.16	81.44	25.68	11.57	37.16	6.99
重庆	38 179	398 472	114 614	220 242	25 415	33 763	178 208	652 477	21.42	61.07	64.31	33.75	14.26	5.17
四川	89 016	1 245 810	197 857	413 142	43 188	61 299	330 061	1 720 251	26.97	72.42	59.95	24.02	13.08	3.56
贵州	24 628	239 109	31 986	421 595	203 477	79 886	260 091	740 590	9.47	32.29	12.30	56.93	78.23	10.79
云南	51 234	390 995	74 228	205 711	38 358	52 993	163 820	649 700	31.27	60.18	45.31	31.66	23.41	8.16
西藏	215	6 812	380	133	804	1 457	1 399	8 402	15.37	81.08	27.18	1.58	57.45	17.34
陕西	36 864	438 088	92 640	257 177	45 691	48 060	175 195	743 325	21.04	58.94	52.88	34.60	26.08	6.47
甘肃	36 245	213 169	120 644	163 875	27 177	86 270	184 066	463 314	19.69	46.01	65.54	35.37	14.76	18.62
青海	4 482	36 214	14 951	34 613	5 766	98 563	25 199	169 389	17.79	21.38	59.33	20.43	22.88	58.19
宁夏	12 219	114 518	64 266	97 110	9 696	4 575	86 182	216 202	14.18	52.97	74.57	44.92	11.25	2.12
新疆	52 599	397 862	162 267	181 023	22 139	57 691	237 004	636 576	22.19	62.50	68.47	28.44	9.34	9.06
西部小计	457 600	5 545 561	1 052 543	2 618 923	532 808	753 174	2 042 951	8 917 659	22.40	62.19	51.52	29.37	26.08	8.45
占全国比例/%	13.3	30.7	22.0	28.4	37.1	67.2	20.3	31.0	—	—	—	—	—	—
合计	3 443 587	18 086 672	4 781 816	9 222 507	1 827 842	1 435 167	10 053 245	28 744 346	34.25	62.92	47.56	32.08	18.18	4.99

附表 17 31 个省市经环境调整的 GDP 及 GDP 污染扣减指数核算结果

	地区	虚拟治理成本/万元				经虚拟治理成本调整 GDP/万元	GDP/万元	GDP 污染扣减指数/%
		水污染	大气污染	固体废物	合计			
东部	北 京	12.17	13.19	0.54	25.90	6 034.40	6 060.30	0.43
	天 津	14.38	13.03	0.61	28.02	3 082.98	3 111.00	0.90
	河 北	111.41	63.24	9.72	184.37	8 288.43	8 472.80	2.18
	辽 宁	64.07	48.55	7.59	120.21	6 551.78	6 672.00	1.80
	上 海	25.00	31.13	1.33	57.46	8 015.34	8 072.80	0.71
	江 苏	107.36	50.73	3.92	162.01	14 841.59	15 003.60	1.08
	浙 江	79.78	34.91	1.65	116.34	11 532.35	11 648.70	1.00
	福 建	42.94	16.65	1.23	60.82	5 702.58	5 763.40	1.06
	山 东	114.51	74.02	7.50	196.03	14 825.77	15 021.80	1.30
	广 东	107.72	50.69	5.08	163.49	18 701.11	18 864.60	0.87
	海 南	8.19	2.1	0.29	10.58	788.32	798.90	1.32
	小 计	687.55	398.25	39.46	1 125.26	98 364.64	99 489.90	1.13
	占全国比例/%	38.0	43.2	19.4	39.1	59.71	59.36	
中部	山 西	51.26	59.07	4.50	114.83	3 456.57	3 571.40	3.22
	吉 林	58.96	19.87	2.68	81.51	3 040.50	3 122.00	2.61
	黑龙江	55.46	26.61	2.89	84.96	4 665.64	4 750.60	1.79
	安 徽	58.77	28.23	3.40	90.40	4 668.90	4 759.30	1.90
	江 西	49.73	19.22	2.53	71.48	3 385.22	3 456.70	2.07
	河 南	110.61	46.16	4.30	161.07	8 392.73	8 553.80	1.88
	湖 北	73.48	32.69	3.85	110.02	5 523.18	5 633.20	1.95
	湖 南	108.29	30.27	4.59	143.15	5 498.76	5 641.90	2.54

地区		虚拟治理成本/万元				经虚拟治理成本调整GDP/万元	GDP/万元	GDP污染扣减指数/%
		水污染	大气污染	固体废物	合计			
中部	小　计	566.56	262.11	28.74	857.41	38 631.49	39 488.90	2.17
	占全国比例/%	31.3	28.4	13.4	29.8	23.45	23.56	
	内蒙古	39.51	38.71	8.54	86.76	2 933.24	3 020.00	2.87
	广　西	166.94	23.72	14.32	204.98	3 228.51	3 433.50	5.97
	重　庆	39.85	22.02	3.38	65.25	2 626.25	2 691.50	2.42
	四　川	124.58	41.31	6.13	172.02	6 207.57	6 379.60	2.70
	贵　州	23.91	42.16	7.99	74.06	1 603.74	1 677.80	4.41
	云　南	39.10	20.57	5.30	64.97	3 016.93	3 081.90	2.11
	西　藏	0.68	0.01	0.15	0.84	219.46	220.30	0.38
西部	陕　西	43.81	25.72	4.81	74.34	3 101.27	3 175.60	2.34
	甘　肃	21.32	16.39	8.63	46.34	1 642.17	1 688.50	2.74
	青　海	3.62	3.46	9.86	16.94	449.16	466.10	3.63
	宁　夏	11.45	9.71	0.46	21.62	515.48	537.10	4.03
	新　疆	39.79	18.1	5.77	63.66	2 185.14	2 248.80	2.83
	小　计	554.56	261.89	75.32	891.77	27 728.93	28 620.70	3.12
	占全国比例/%	30.7	28.4	67.2	31.0	16.83	17.08	
合　计		1 808.67	922.25	143.52	2 874.44	164 725.07	167 599.50	1.72

附表18 31个省市 GDP、经环境调整的 GDP 和 GDP 扣减指数排序

区域	省、直辖市、自治区	调整前国内生产总值GDP 数值/亿元	名次	虚拟治理成本 数值/亿元	名次	经环境污染调整后的GDP 数值/亿元	名次	GDP污染扣减指数 数值/%	名次
东部	北京	6 060.30	10	25.90	27	6 034.40	10	0.43	30
	天津	3 111.00	21	28.02	26	3 082.98	20	0.90	27
	河北	8 472.80	6	184.37	3	8 288.43	6	2.18	14
	辽宁	6 672.00	8	120.22	9	6 551.78	8	1.80	20
	上海	8 072.80	7	57.46	24	8 015.34	7	0.71	29
	江苏	15 003.60	3	162.01	6	14 841.59	2	1.08	24
	浙江	11 648.70	4	116.35	10	11 532.35	4	1.00	26
	福建	5 763.40	11	60.82	23	5 702.58	11	1.06	25
	山东	15 021.80	2	196.03	2	14 825.77	3	1.30	23
	广东	18 864.60	1	163.49	5	18 701.11	1	0.87	28
	海南	798.90	28	10.58	30	788.32	28	1.32	22
中部	山西	3 571.40	16	114.83	11	3 456.57	16	3.22	5
	吉林	3 122.00	20	81.50	16	3 040.50	21	2.61	10
	黑龙江	4 750.60	14	84.96	15	4 665.64	15	1.79	21
	安徽	4 759.30	15	90.40	13	4 668.90	14	1.90	18
	江西	3 456.70	17	71.48	19	3 385.22	17	2.07	16
	河南	8 553.80	5	161.07	7	8 392.73	5	1.88	19
	湖北	5 633.20	13	110.02	12	5 523.18	12	1.95	17
	湖南	5 641.90	12	143.14	8	5 498.76	13	2.54	11

区域	省、直辖市、自治区	调整前国内生产总值 GDP		虚拟治理成本		经环境污染调整后的 GDP		GDP 污染扣减指数	
		数值/亿元	名次	数值/亿元	名次	数值/亿元	名次	数值/%	名次
西部	内蒙古	3 020.00	23	86.76	14	2 933.24	23	2.87	6
	广 西	3 433.50	18	204.99	1	3 228.51	18	5.97	1
	重 庆	2 691.50	24	65.25	20	2 626.25	24	2.42	12
	四 川	6 379.60	9	172.03	4	6 207.57	9	2.70	9
	贵 州	1 677.80	27	74.06	18	1 603.74	27	4.41	2
	云 南	3 081.90	22	64.97	21	3 016.93	22	2.11	15
	西 藏	220.30	31	0.84	31	219.46	31	0.38	31
	陕 西	3 175.60	19	74.33	17	3 101.27	19	2.34	13
	甘 肃	1 688.50	26	46.33	25	1 642.17	26	2.74	8
	青 海	466.10	30	16.94	29	449.16	30	3.63	4
	宁 夏	537.10	29	21.62	28	515.48	29	4.03	3
	新 疆	2 248.80	25	63.66	22	2 185.14	25	2.83	7

附表 19 各产业部门经环境调整的增加值及增加值污染扣减指数

产业部门	虚拟治理成本 /亿元				增加值/亿元	经环境污染调整的增加值/亿元	增加值污染扣减指数/%
	水污染	大气污染	固废污染	合计			
第一产业	330.73	0	0	330.73	20 956	20 625.27	1.58
煤炭	15.76	9.52	5.17	30.45	2 605.2	2 574.75	1.17
石油开采	12.34	4.71	0.1	17.16	3 508.8	3 491.64	0.49
黑色矿	3.02	0.96	11.16	15.15	534.4	519.25	2.83
有色矿	6.16	0.87	37.78	44.80	385.1	340.30	11.63
非金属矿	2.78	1.91	9.69	14.38	590.2	575.82	2.44
其他矿	0.02	0.07	0.07	0.15	4.6	4.45	3.29
食品加工	122.65	4.63	0.12	127.40	2 154.1	2 026.70	5.91
食品制造	68.23	2.83	0.07	71.13	974.1	902.97	7.30
饮料制造	55.05	2.74	0.02	57.81	1 011.4	953.59	5.72
烟草制品	0.53	0.42	0.00	0.96	1 919	1 918.04	0.05
纺织业	68.84	7.44	0.10	76.38	2 936.9	2 860.52	2.60
服装鞋帽	3.85	0.77	0.02	4.63	1 465.1	1 460.47	0.32
皮革	32.47	0.45	0.06	32.97	848.2	815.23	3.89
木材加工	21.60	1.38	0.05	23.02	701.4	678.38	3.28
家具制造	0.13	0.10	0.00	0.23	464.5	464.27	0.05
造纸	332.61	9.83	0.13	342.57	1 137.1	794.53	30.13
印刷业	0.18	0.19	0.00	0.38	734.5	734.12	0.05
文教用品	0.22	0.16	0.00	0.38	416.9	416.52	0.09
石化	5.64	9.26	0.61	15.51	1 733.9	1 718.39	0.89
化工	116.93	30.76	10.38	158.06	3 861.4	3 703.34	4.09
医药	64.94	2.08	0.11	67.13	1 110.4	1 043.27	6.05
化纤	16.33	2.94	0.82	20.09	319.9	299.81	6.28

第二产业

产业部门	虚拟治理成本/亿元				增加值/亿元	经环境污染调整的增加值/亿元	增加值污染扣减指数/%
	水污染	大气污染	固废污染	合计			
橡胶	1.47	1.36	0.00	2.84	567.9	565.06	0.50
塑料	0.95	1.01	0.00	1.95	1 540.1	1 538.15	0.13
非金属制造	7.81	37.71	0.55	46.07	3 871	3 824.93	1.19
黑色冶金	7.96	64.27	5.65	77.88	4 291.4	4 213.52	1.81
有色冶金	0.72	12.02	6.83	19.57	1 394.1	1 374.53	1.40
金属制品	0.36	1.55	0.06	1.96	1 858.3	1 856.34	0.11
普通机械	1.61	2.2	0.03	3.83	3 139.4	3 135.57	0.12
专用设备	1.25	1.62	0.03	2.89	1 742.1	1 739.21	0.17
交通设备	5.50	3.39	0.06	8.96	3 507.9	3 498.94	0.26
电气机械	1.09	0.85	0.01	1.95	2 768.5	2 766.55	0.07
通信业	1.36	0.72	0.01	2.09	3 835.8	3 833.71	0.05
仪器制造	1.34	0.23	0.02	1.60	644.4	642.80	0.25
工艺品	0.32	1.05	0.00	1.37	727.6	726.23	0.19
废旧加工	0.04	0.04	0.00	0.08	71.3	71.22	0.12
电力生产	21.23	446.62	10.22	478.07	5 283.3	4 805.23	9.05
燃气生产	0.40	0.26	0.02	0.69	179.7	179.01	0.38
自来水	0.00	0.13	0.00	0.13	370.6	370.47	0.04
建筑业	0.00	17.6	0.00	17.60	8 694	8 676.40	0.20
小计	1 003.68	686.65	99.94	1 790.27	73 904	72 113.73	2.42
第三产业	285.54	188.71	43.58	753.43	65 018	64 264.57	1.16
合计	1 808.67	922.25	143.52	2 874.43	159 878	157 003.57	1.80

第二产业

附表20　各工业行业GDP、经环境调整的GDP和GDP扣减指数排序

工业行业	增加值/亿元		工业行业	虚拟治理成本/亿元		工业行业	经虚拟治理成本调整的增加值/亿元		工业行业	增加值污染扣减指数/%	
	数值	名次		数值	名次		数值	名次		数值	名次
其他矿	4.6	39	废旧加工	0.08	39	其他矿	4.45	39	自来水	0.04	39
废旧加工	71.3	38	自来水	0.13	38	废旧加工	71.22	38	烟草制品	0.05	38
燃气生产	179.7	37	其他矿	0.15	37	燃气生产	179.01	37	家具制造	0.05	37
黑色矿	319.9	36	家具制造	0.23	36	化纤	299.81	36	印刷业	0.05	36
非金矿	370.6	35	文教用品	0.38	35	有色矿	340.30	35	通信业	0.07	35
有色矿	385.1	34	印刷业	0.38	34	自来水	370.47	34	电气机械	0.09	34
家具制造	416.9	33	燃气生产	0.69	33	文教用品	416.52	33	文教用品	0.11	33
自来水	464.5	32	烟草制品	0.96	32	家具制造	464.27	32	金属制品	0.12	32
文教用品	534.4	31	工艺品	1.37	31	黑色矿	519.25	31	普通机械	0.12	31
木材加工	567.9	30	仪器制造	1.60	30	橡胶	565.06	30	废旧加工	0.13	30
化纤	590.2	29	电气机械	1.95	29	非金矿	575.82	29	塑料	0.13	29
印刷业	644.4	28	塑料	1.95	28	仪器制造	642.80	28	专用设备	0.17	28
工艺品	701.4	27	金属制品	1.96	27	木材加工	678.38	27	工艺品	0.19	27
橡胶	727.6	26	通信业	2.09	26	工艺品	726.23	26	仪器制造	0.25	26
仪器制造	734.5	25	橡胶	2.84	25	印刷业	734.12	25	交通设备	0.26	25
皮革	848.2	24	专用设备	2.89	24	造纸	794.53	24	服装鞋帽	0.32	24
食品制造	974.1	23	普通机械	3.83	23	皮革	815.23	23	燃气生产	0.38	23
造纸	1011.4	22	服装鞋帽	4.63	22	食品制造	902.97	22	石油开采	0.49	22
塑料	1110.4	21	交通设备	8.96	21	饮料制造	953.59	21	橡胶	0.50	21
饮料制造	1137.1	20	非金矿	14.38	20	医药	1043.27	20	石化	0.89	20

工业行业	增加值/亿元 数值	名次	工业行业	虚拟治理成本/亿元 数值	名次	工业行业	经虚拟治理成本调整的增加值/亿元 数值	名次	工业行业	增加值污染扣减指数/% 数值	名次
有色冶金	1 394.1	19	黑色矿	15.15	19	有色冶金	1 374.53	19	煤炭	1.17	19
服装鞋帽	1 465.1	18	石化	15.51	18	服装鞋帽	1 460.47	18	非金属制造	1.19	18
金属制品	1 540.1	17	石油开采	17.16	17	塑料	1 538.15	17	有色冶金	1.40	17
专用设备	1 733.9	16	有色冶金	19.57	16	石化	1 718.39	16	黑色冶金	1.81	16
医药	1 742.1	15	化纤	20.09	15	专用设备	1 739.21	15	非金属	2.44	15
煤炭	1 858.3	14	木材加工	23.02	14	金属制品	1 856.34	14	纺织业	2.60	14
石化	1 919.0	13	煤炭	30.45	13	烟草制品	1 918.04	13	黑色矿	2.83	13
食品加工	2 154.1	12	皮革	32.97	12	食品加工	2 026.70	12	木材加工	3.28	12
烟草制品	2 605.2	11	有色矿	44.80	11	煤炭	2 574.75	11	其他矿	3.29	11
普通机械	2 768.5	10	非金属制造	46.07	10	电气机械	2 766.55	10	皮革	3.89	10
非金属制造	2 936.9	9	饮料制造	57.81	9	纺织业	2 860.52	9	化工	4.09	9
纺织业	3 139.4	8	医药	67.13	8	普通机械	3 135.57	8	饮料制造	5.72	8
电气机械	3 507.9	7	食品制造	71.13	7	石油开采	3 491.64	7	食品加工	5.91	7
石油开采	3 508.8	6	纺织业	76.38	6	交通设备	3 498.94	6	医药	6.05	6
化工	3 835.8	5	黑色冶金	77.88	5	化工	3 703.34	5	化纤	6.28	5
黑色冶金	3 861.4	4	食品加工	127.40	4	非金属制造	3 824.93	4	食品制造	7.30	4
交通设备	3 871.0	3	化工	158.06	3	通信业	3 833.71	3	电力生产	9.05	3
通信设备	4 291.4	2	造纸	342.57	2	黑色冶金	4 213.52	2	有色矿	11.63	2
电力生产	5 283.3	1	电力生产	478.07	1	电力生产	4 805.23	1	造纸	30.13	1

中国绿色国民经济核算研究报告 2004（公众版）

　　为了树立和落实全面、协调、可持续的发展观，建设资源节约型和环境友好型社会，加快实现环境保护的"三个转变"，国家环境保护总局和国家统计局于 2004 年 3 月联合启动了"中国绿色国民经济核算（简称绿色 GDP 核算）研究"项目，并于 2005 年开展了全国 10 个省市的绿色国民经济核算和污染损失评估调查试点工作。两个部门成立了工作领导小组和项目顾问组，由国家环保总局环境规划院和中国人民大学等单位的专家组成了项目技术组，负责建立核算框架体系、提出核算技术指南、开展经环境污染调整的 GDP 核算，并指导地方开展试点调查和核算工作。

　　经过近两年的艰辛努力，项目技术组完成了《中国绿色国民经济核算体系框架》、《中国环境经济核算技术指南》、《中国绿色国民经济核算软件系统》、《中国绿色国民经济核算研究报告》等成果，建立了环境经济核算的技术方法体系，并应用于全国与地方试点核算。项目技术组最终提交了《中国绿色国民经济核算研究报告（2004）》（以下简称《报告》）。《报告》就 2004 年全国各地区①和各产业部门的水污染、大气污染和固体废物污染的实物量进行了核算，同时采用治理成本法和污染损失法的价值量核算方法，核算了虚拟治理成本和环境退化成本，并得出了经环境污染调整的 GDP 核算结果。

---

① 核算未包含香港、澳门和台湾地区。东部地区包括：北京市、天津市、河北省、辽宁省、上海市、江苏省、浙江省、福建省、山东省、广东省、海南省；中部地区包括：山西省、吉林省、黑龙江省、安徽省、江西省、河南省、湖北省和湖南省；西部地区包括：内蒙古自治区、广西壮族自治区、重庆市、四川省、贵州省、云南省、西藏自治区、陕西省、甘肃省、青海省、宁夏回族自治区和新疆维吾尔自治区。

1 核算方法与内容

2004 年的绿色国民经济核算内容由三部分组成：①环境实物量核算。运用实物单位建立不同层次的实物量账户，描述与经济活动对应的各类污染物的产生量、去除量（处理量）、排放量等，具体分为水污染、大气污染和固体废物实物量核算。②环境价值量核算。在实物量核算的基础上，运用两种方法估算各种污染排放造成的环境退化价值。③经环境污染调整的 GDP 核算。

环境实物量核算是以环境统计为基础，综合核算全口径的主要污染物产生量、削减量和排放量。核算数据较目前的统计数据更加全面，更能全面地反映主要环境污染物的排放情况。

采用治理成本法核算虚拟治理成本。虚拟治理成本是指目前排放到环境中的污染物按照现行的治理技术和水平全部治理所需要的支出。治理成本法核算虚拟治理成本的思路是：假设所有污染物都得到治理，则当年的环境退化不会发生，从数值上看，虚拟治理成本是环境退化价值的一种下限核算。

采用污染损失法核算环境退化成本。环境退化成本是指环境污染所带来的各种损害，如对农产品产量、人体健康、生态服务功能等的损害。这些损害需采用一定的定价技术，进行污染经济损失评估。与治理成本法相比，基于环境损害的估价方法（污染损失法）更具合理性，更能体现污染造成的环境退化成本。

绿色国民经济核算（简称绿色 GDP 核算）是一项涵盖了资源核算和环境核算的系统工程，目前提出的《中国绿色国民经济核算研究报告 2004》并不是完整意义上的绿色 GDP 核算，仅仅涉及了其中环境核算的部分内容，没有包含资源核算，即使是环境核算也是不完全的，主要表现在：①环境保护投入产出核算、生态破坏损失的实物量核算和价值量核算没有纳入；②环境污染损失的核算范围很广，由于缺乏相应的剂量反应关系研究和数据的支持，还有多项污染损失没有核算在内，包括：水污染引起的传染和消化道疾病的患病人数及其门诊和住院医疗、误工损失；水污染造成的新建替代水源成本；室内空气污染造成的损失；臭氧对人体健康的影响损失；大气污染造成的林业损失；大气污染造成的清洁问题和劳务费用增加；噪声、辐射和光热污染等造成的经济损失；地下水污染损失；土壤污染损失等。

2 实物量核算结果

核算结果表明，2004 年全国废水排放量为 607.2 亿 t，COD 排放量为 2 109.3 万 t，氨氮排放量为 223.2 万 t；SO_2、烟尘、粉尘和 NO_x 排放总量分别为 2 450.2 万 t、1 095.5 万 t、905.1 万 t 和 1 646.6 万 t；工业固体废物排放量为 1 760.8 万 t，生活垃圾堆放量为 6 667.5 万 t。

2.1 水污染实物量

（1）第二产业废水排放量居首，城市大生活废水和农业面源已成为水污染物的主要来源。2004 年，第二产业废水排放量为 221.1 亿 t，占全国废水排放量的 36.4%。城市大生活废水（指第三产业和城市生活废水）和第一产业废水的 COD 排放量分别占总排放量的 39.3% 和 36.6%，氨氮排放量分别占总排放量的 40.7% 和 36.1%。

（2）各工业行业水污染物排放差异显著，造纸、化工、冶金、石化等重点污染行业治理任务仍很艰巨。2004 年，工业行业废水排放量和排放未达标量列前 2 位的都是化工和造纸行业，这两个行业的废水排放量和排放未达标量之和分别占总量的 33.3% 和 40.4%。废水排放量排在第 3~6 位的分别是电力、钢铁、纺织业和食品加工业。

2.2 大气污染实物量

（1）大气污染物排放主要集中在第二产业。2004 年，第二产业 SO_2 排放 2 185.6 万 t，占全国排放量的 89.2%，第一产业 SO_2 排放量占全国排放量的 6.3%，第三产业和城市生活 SO_2 排放量仅占全国排放量的 4.5%；第二产业烟尘的排放量占全国烟尘总排放量的 81.8%，NO_x 的排放量占全国 NO_x 总排放量的 80.0%。

（2）电力行业是大气污染的主要控制行业。2004 年，工业行业排放 SO_2 2 173.2 万 t，其中电力行业排放的 SO_2 占 63.3%。在燃烧过程排放的 SO_2 中电力行业占 86.6%，是 SO_2 排放的绝对大户。工业行业共排放烟尘 886.6 万 t，电力和非金属矿物制造业排放量达 559.0 万 t，占工业行业总排放量的 87.5%。工业行业 NO_x 共排放 1 309.3 万 t，主要集中在电力和钢铁行业。

（3）东、中部地区的大气污染物治理任务重。2004 年，SO_2 排放最多的 3 个省分别是：山东、河北和山西，都集中在东中部地区，且这 3 个省 SO$_2$ 的去除率都低于全国平均水平，治理任务非常繁重。2004 年烟尘排放量最大的 3 个省依次为山西、四川和河南，也主要集中在中部省份。2004 年全国排放工业粉尘最多的 3 个省分别是湖南、河北和河南，且它们的治理水平都低于全国平均水平。

2.3 固体废物实物量

（1）工业固废集中在 5 个行业，东部地区产生量大。2004 年，全国一般工业固废产生量为 11.9 亿 t，利用量为 6.74 亿 t，其中利用当年废物量为 6.52 亿 t，处置量为 2.64 亿 t，处置利用率为 78.8%。位于全国一般工业固废行业产生量前 5 位的电力、黑色冶金、煤炭采选、黑色和有色矿采选业的产生量占总产生量的 76.9%。东部地区一般工业固废产生量较其他地区高。

（2）危险废物产生和处置利用的行业和地区差异明显。2004 年，全国危险废物产生量为 994 万 t，利用量为 404 万 t，其中利用当年废物量为 379 万 t，处置量为 275.2 万 t，危险废物的平均利用处置率为 68.3%。危险废物产生量列前 5 位的化工、有色矿采选、非金属矿采选、石化和有色冶金业的产生量占总产生量的 83.6%，化工和石化工业的危废处置利用率较高，分别为 90.9% 和 98.5%。危险废物产生量列前 5 位的省市分别为贵州、广西、江苏、山东和青海，贵州省危废处置利用率达到 85.3%。青海省危废处置利用率仅为 0.22%。

（3）生活垃圾无害化处理率尚待提高。2004 年，我国的城市生活垃圾产生总量为 1.91 亿 t，平均无害化处理率为 42.0%，处理率为 65.3%。省级行政区中，城市生活垃圾清运量最大的 5 个省分别是广东、山东、江苏、湖北和黑龙江省，占总产生量的 36.7%。无害化处理率最高的是青海省，达到了 95.4%，其次为北京、浙江和山东，都在 60% 以上。西藏、山西和安徽的无害化处理率都低于 20%，无害化处理水平有待提高。

3 虚拟治理成本核算结果

3.1 水污染治理成本

2004 年，全国行业合计 GDP（生产法）为 159 878 亿元，废水实际治理成本为 344.4 亿元，占 GDP 的 0.22%；全国废水虚拟治理成本为 1 808.7 亿元，占 GDP 的 1.13%。废水虚拟治理成本约为实际治理成本的 5 倍。

（1）第二产业治理成本大，造纸、食品加工、化工等行业治理成本较高

2004 年，工业废水实际治理成本占总废水实际治理成本的 74.2%，工业废水虚拟治理成本占总废水虚拟治理成本的 55.5%。在 39 个工业行业中，实际治理成本列前 5 位的分别是黑色冶金、化工、造纸、石化和纺织业，5 个行业的实际治理成本为 145.5 亿元，占总实际治理成本的 57.0%；虚拟治理成本列前 5 位的分别是造纸、食品加工、化工、纺织和食品制造业，5 个行业的虚拟治理成本约占工业废水虚拟治理成本的 70.1%；总治理成本居前 4 位的分别是造纸、化工、食品加工和纺织业。

（2）东部地区的废水治理成本最高，中西部地区实际投入不足

2004 年，东部地区的实际废水治理成本最高，为 212.8 亿元，占全国总量的 61.8%，相当于中西部地区总和的 1.6 倍；虚拟治理成本最高的也是东部地区，为 687.5 亿元，占全国总量的 38.0%，中部和西部地区分别为 566.6 亿元和 554.6 亿元。东部地区实际治理成本占总治理成本比例为 23.6%，而中、西部地区的这一比例仅分别为 13.1% 和 7.6%，因此，总体来看，中、西部地区的废水治理投入缺口较大。

3.2 大气污染治理成本

2004 年，全国的废气实际治理成本为 478.2 亿元，占当年行业合计 GDP 的 0.29%；全国废气虚拟治理成本为 922.3 亿元，占 GDP 的 0.55%。大气污染虚拟治理成本是实际治理成本的 1.93 倍。

（1）工业行业的虚拟治理成本较高，电力行业是工业废气治理的重点

2004 年，几乎所有行业的大气虚拟治理成本都高于实际处理成本，说明大气污染治理的缺口仍然很大。2004 年工业大气污染总治理成本 882.9 亿元，其中电力行业治理成本为 551.4 亿元，占总治理成本的 62.5%，是工业大气污染治理的重点。

（2）东部地区的大气污染实际投入最高，治理任务也最重

2004 年，大气总治理成本 1 400 亿元，东部地区为 649.2 亿元，将近占全国总成本的 1/2。全国虚拟治理成本 922.3 亿元，占总治理

成本的 65.9%，其中，东部地区的大气虚拟治理成本最高，达到 398.2 亿元，中西部地区的大气虚拟治理成本基本相等，都占总虚拟治理成本的 28.4%。东部地区实际治理成本占其总成本 38.7%，在 3 个地区中实际治理投入最高。

3.3 固体废物治理成本

2004 年，全国固体废弃物实际治理成本为 182.8 亿元，占当年行业合计 GDP 的 0.11%；全国固废虚拟治理成本为 143.5 亿元，占 GDP 的 0.09%。固体废物虚拟治理成本是实际治理成本的 0.79 倍。

2004 年，全国工业固体废物实际治理成本为 111.3 亿元，占总治理成本的 52.7%；虚拟治理成本 99.9 亿元，为总治理成本的 47.3%；全国城市生活垃圾实际治理成本为 71.5 亿元，占总成本的 62.1%；虚拟治理成本为 43.6 亿元，占总成本的 37.9%。

2004 年，西部地区固废总治理成本最高，其中，实际治理成本仅占 41.4%，远低于东中部地区的 67.3% 和 62.7%，西部地区的主要差距在于工业固体废物的处理。西部地区矿产资源开发规模大，工业固废总治理成本相当于东西部地区之和，其虚拟治理成本占总工业固废虚拟治理成本的 61.9%，未来需要加大西部地区工业固废的治理投入。

3.4 治理成本综合分析

（1）环境污染治理投入严重不足，废水治理缺口较大

2004 年，实际和虚拟治理总成本为 3 879.8 亿元，实际治理成本只占总成本的 26%，可见环境污染治理投入欠账较大。其中，水污染、大气污染和固废污染实际和虚拟治理总成本分别为 2 153.0 亿元、1 400.4 亿元和 326.3 亿元，分别占实际和虚拟治理总成本的 55.5%、36.1% 和 8.4%。

2004 年，环境污染的实际治理成本是 1 005.3 亿元，其中，水污染、大气污染、固体废物污染实际治理成本分别是 344.4 亿元、478.2 亿元和 182.7 亿元，分别占总实际治理成本的 34.3%、47.6% 和 18.2%；虚拟治理成本为 2 874.4 亿元，其中，水污染、大气污染、固体废物污染虚拟治理成本分别为 1 808.7 亿元、922.3 亿元、143.5 亿元，分别占总虚拟治理成本的 62.9%、32.1% 和 5.0%。水污染虚拟治理成

本占废水总治理成本的 84.0%，是实际治理成本的 5.3 倍。因此，在 3 类污染治理中水污染治理缺口最大。

（2）第二产业污染治理任务依然艰巨，城市废水污染治理投入亟待提高

2004 年，第二产业污染虚拟治理成本为 1 790.3 亿元，是实际治理成本的 2.9 倍，其中第二产业废水治理的缺口最大，还需要投入 1 003.7 亿元，占第二产业总虚拟治理成本的 56.1%；第二产业大气污染的治理投入缺口相对较小，占总虚拟治理成本的 38.4%，但绝对量也相当大，达到 686.7 亿元。与城市大气污染治理相比，城市生活废水处理能力严重不足，目前，我国城市生活废水的实际治理成本为 47.6 亿元，只有废气治理的 47.1%。因此，城市污染治理投入的主要压力来自城市生活废水。

（3）各工业行业污染治理重点不同，治理投入差距比较显著

2004 年，在 39 个工业行业中，治理成本最高的是电力行业，达到 593.5 亿元，其实际和虚拟治理成本都列各行业之首。列总治理成本前 2～5 位的分别是造纸、化工、钢铁和食品加工业，以上 4 个行业总治理成本的排名与虚拟治理成本基本相同，说明这 4 个行业的污染治理水平都不高，治理投入缺口大。

（4）中、西部地区污染治理投入严重不足，东部地区治理投入仍需加大

东部地区人口密集、工业化水平高、经济发展迅猛，但同时环境污染也比较严重。2004 年，东部地区的实际治理成本为 545.1 亿元，占全国总实际治理成本的 54.2%，但其虚拟治理成本仍然高达 1 125.5 亿元，是实际治理成本的 2 倍，说明东部地区的治理投入仍需加大，而中西部地区的形势更为严峻，其虚拟治理成本分别占其总治理成本的 77.0% 和 81.4%，说明中西部地区的污染治理投入严重不足。各地区环境污染实际和虚拟治理成本如附图 1 所示。

4 环境退化成本核算结果

4.1 水环境退化成本

2004 年，水污染造成的环境退化成本为 2 862.8 亿元，占总环境退化成本的 55.9%，占当年地方合计 GDP 的 1.71%，其中，水污染对农村居民健康造成的损失为 178.6 亿元，污染型缺水造成的损

失为 1 478.3 亿元，水污染造成的工业用水额外治理成本为 462.6 亿元，水污染对农业生产造成的损失为 468.4 亿元，水污染造成的城市生活用水额外治理和防护成本为 274.9 亿元。

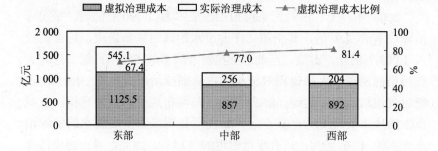

附图 1　各地区污染实际和虚拟治理成本比较

2004 年，在东、中、西 3 个地区中，东部地区的水污染环境退化成本最高，为 1 517.7 亿元，占总水污染环境退化成本的 53.0%，占东部地区 GDP 的 1.5%；中部和西部地区的水污染环境退化成本分别为 777.5 亿元和 567.5 亿元，分别占水污染环境退化成本的 27.2%和 19.8%，但这两个地区水污染环境退化占地区 GDP 的比例高于东部地区，接近 2.0%。

4.2 大气环境退化成本

2004 年，大气污染造成的环境退化成本为 2 198.0 亿元，占总环境退化成本的 42.9%，占当年地方合计 GDP 的 1.31%，其中，大气污染造成的城市居民健康损失为 1 527.4 亿元，农业减产损失为 537.8 亿元，材料损失为 132.8 亿元。

2004 年，在东、中、西 3 个地区中，大气污染环境退化成本最高的仍然是东部地区，为 1 311.6 亿元，约占总大气污染环境退化成本的 60.0%，中部和西部地区的大气污染环境退化成本分别为 541.6 亿元和 344.7 亿元，分别占大气污染环境退化成本的 24.6%和 15.7%。中部地区大气污染环境退化占地区 GDP 的比例最高，为 1.4%，而东部和西部地区大气环境环境退化占地区 GDP 的比例分别为 1.3%和 1.2%。

4.3 固废污染退化成本

2004 年，全国工业固废的新增堆放量为 1 762 万 t，约新增侵占土地 617.7 万 m²，丧失土地的机会成本约为 0.91 亿元。城市生活垃圾的新增堆放量为 6 667.5 万 t，农村生活垃圾的新增堆放量约为 6 458 万 t，生活垃圾侵占土地约新增 3 576.9 万 m²，丧失的土地机会成本约为 5.56 亿元。两项合计，2004 年全国固体废物污染造成的环境退化成本为 6.5 亿元，占总环境退化成本的 0.1%，占当年地方合计 GDP 的 0.004%。

2004 年，在东、中、西 3 个地区中，东部地区的固废环境退化成本最高，为 2.48 亿元；其次为中部地区，为 2.13 亿元；固废环境退化成本最低的是西部地区，为 1.86 亿元，东、中、西 3 个地区固废环境退化成本分别占全国总固废环境退化成本的 38.3%、33.0%和 28.8%。

4.4 环境污染事故退化成本

2004 年，全国共发生环境污染与破坏事故 1 441 起，污染事故造成的直接经济损失为 3.33 亿元。根据《中国渔业生态环境状况公报》，2004 年全国共发生渔业污染事故 1 020 次，造成直接经济损失 10.8 亿元，因环境污染造成天然渔业资源经济损失 36.5 亿元。两项合计，2004 年全国环境污染事故造成的损失成本为 50.9 亿元，占总环境退化成本的 1.1%，占当年地方合计 GDP 的 0.03%。

4.5 环境退化成本综合分析

（1）环境退化成本总量分析

2004 年，利用污染损失法核算的总环境污染退化成本为 5 118.2 亿元，占地方合计 GDP 的 3.05%。其中，大气污染造成的环境污染退化成本为 2 198.0 亿元，水污染造成的环境退化成本为 2 862.8 亿元，固废堆放侵占土地造成的环境退化成本为 6.5 亿元，污染事故造成的经济损失为 50.9 亿元，分别占总退化成本的 42.9%、55.9%、0.1%和 1.1%。

（2）地区环境退化成本分析

东部 11 省市的环境退化成本为 2 831.1 亿元，占全国环境退化成本的 55.8%；中部 8 省市的环境退化成本为 1 321.8 亿元，占全国环境退化成本的 26.1%；西部 12 省市的环境退化成本为 918.0 亿元，占全国环境退化成本的 18.1%。3 个地区的环境退化成本和占各地区 GDP 的比例如附图 2 所示。

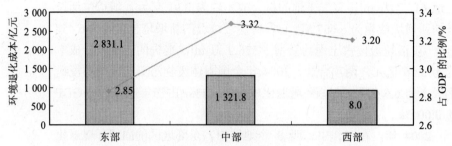

附图 2　各地区的环境退化成本及其占各地区 GDP 的比例

5 经环境污染调整的 GDP 核算

5.1 经污染调整的 GDP 总量

2004 年，全国行业合计 GDP 为 159 878 亿元，虚拟治理成本为 2 874.4 亿元，GDP 污染扣减指数为 1.8%，即虚拟治理成本占整个 GDP 的比例为 1.8%。从环境污染治理投资的角度核算，如果在现有的治理技术水平下全部处理 2004 年排放到环境中的污染物，约需要一次性直接投资 10 800 亿元（不包括已经发生的投资），占当年 GDP 的 6.8%。

5.2 经污染调整的地区生产总值

2004 年，从各地区 GDP 与 GDP 污染扣减指数排序来看，东部地区的 GDP 污染扣减指数最低，为 1.13%；其次为中部地区，GDP 污染扣减指数为 2.17%；GDP 污染扣减指数最高的是西部地区，高达 3.12%，说明西部地区的经济水平和污染治理水平都较低。从全国来看，GDP 污染扣减指数高于全国平均水平 1.8%的省市有 21 个，低于全国平均水平 1.8%的省市有 10 个。各地区 GDP 污染扣减指数如附图 3 所示。

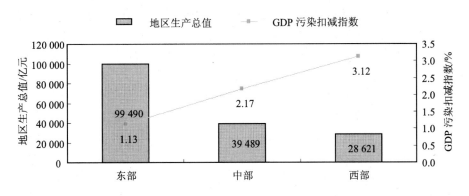

附图 3 各地区的 GDP 及 GDP 污染扣减指数

5.3 经污染调整的行业增加值

（1）三大产业部门。2004 年，从经环境污染调整的 GDP 产业部门核算结果来看，第一产业虚拟治理成本为 330.7 亿元，GDP 污染扣减指数为 1.58%；第二产业虚拟治理成本为 1 790.3 亿元，GDP 污染扣减指数为 2.42%；第三产业虚拟治理成本为 753.4 亿元，GDP 污染扣减指数为 1.16%。三大产业虚拟治理成本及占其增加值的比例如附图 4 所示。

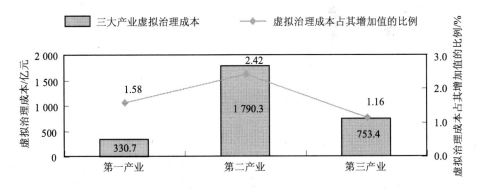

附图 4 三大产业虚拟治理成本及占其增加值的百分比

（2）39 个工业行业。2004 年，从各工业行业来看，增加值污染扣减指数最低的行业是自来水生产业，扣减指数为 0.04%；其次为烟草制品业和家具制造业，扣减指数为 0.05%，不超过 0.1% 的行业还有印刷业、通信业、电气机械业和文教用品业等，说明这些行业的环境污染程度较小。GDP 污染扣减指数最高的两个行业分别是造纸和有色冶金行业，分别为 30.13%和 11.63%，说明这两个行业的经济与环境效益比最低，污染比较严重。39 个行业污染扣减指数如附图 5 所示。

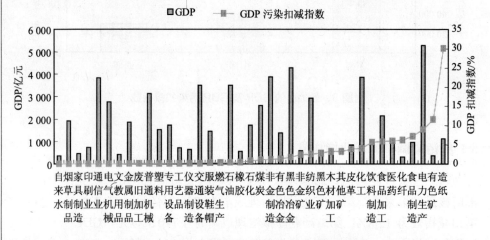

附图5 39个工业行业增加值及其污染扣减指数

环境经济核算相关术语解释

1. 实物量核算

就环境主题来说，绿色国民经济核算包含两个层次：一是实物量核算，二是价值量核算。所谓实物量核算，是在国民经济核算框架基础上，运用实物单位（物理量单位）建立不同层次的实物量账户，描述与经济活动对应的各类污染物的产生量、去除量（处理量）、排放量等。

2. 价值量核算

价值量核算是在实物量核算的基础上，估算各种环境污染和生态破坏造成的货币价值损失。环境污染价值量核算包括污染物虚拟治理成本和环境退化成本核算，分别采用治理成本法和污染损失法。主要包括以下方面：各地区的水污染、大气污染、工业固体废物污染、城市生活垃圾污染和污染事故经济损失核算；各部门的水污染、大气污染、工业固体废物污染和污染事故经济损失核算。

3. 治理成本法

污染治理成本法与污染损失法是计算环境价值量的两种方法。在 SEEA 框架中，治理成本法主要是指基于成本的估价方法，从"防护"的角度，计算为避免环境污染所支付的成本。污染治理成本法核算虚拟治理成本的思路相对简单，即如果所有污染物都得到治理，则环境退化不会发生，因此，已经发生的环境退化的经济价值应为治理所有污染物所需的成本。污染治理成本法的特点在于其价值核算过程的简洁、容易理解和较强的实际操作性。污染治理成本法核算的环境价值包括两部分，一是环境污染实际治理成本，二是环境污染虚拟治理成本。

4. 污染损失法

在 SEEA 框架中，污染损失法是指基于损害的环境价值评估方法。这种方法借助一定的技术手段和污染损失调查，计算环境污染所带来的种种损害，如对农产品产量和人体健康等的影响，采用一定的定价技术，进行污染经济损失评估。目前定价方法主要有人力资本法、旅行费用法、支付意愿法等。与治理成本法相比，基于损害的估价方法（污染损失法）更具合理性，体现了污染的危害性。

5. 实际治理成本

污染实际治理成本是指目前已经发生的治理成本，包括污染治理过程中的固定资产折旧、药剂费、人工费、电费等运行费用。

6. 虚拟治理成本

虚拟治理成本是指目前排放到环境中的污染物按照现行的治理技术和水平全部治理所需要的支出。虚拟治理成本不同于环境污染治理投资，是当年环境保护支出（运行费用）的概念，可以从 GDP 中扣减。采用治理成本法计算获得。

7. 环境退化成本

通过污染损失法核算的环境退化价值称为环境退化成本，它是指在目前的治理水平下，生产和消费过程中所排放的污染物对环境功能、人体健康、作物产量等造成的种种损害。环境退化成本又被称为污染损失成本。

8. 绿色国民经济核算

绿色国民经济核算，通常所说的绿色 GDP 核算，包括资源核算和环境核算，旨在以原有国民经济核算体系为基础，将资源环境因素纳入其中，通过核算描述资源环境与经济之间的关系，提供系统的核算数据，为可持续发展的分析、决策和评价提供依据。

9. **绿色国民经济核算体系/资源环境经济核算体系/综合环境经济核算体系**

　　所谓绿色国民经济核算体系，又称资源环境经济核算体系、综合环境经济核算体系，是在现有国民经济核算体系中附加资源和环境核算体系而建立的一套新核算体系。联合国在 SNA-1993 中心框架基础上建立了综合环境经济核算体系（SEEA）作为 SNA 的附属账户（又称卫星账户）。联合国统计署于 1993 年公布了 SEEA 临时版本，2000 年公布了 SEEA 操作手册。SEEA-2003 版本是最新的版本。

10. **环境污染核算**

　　环境污染核算是绿色国民经济核算的一部分。绿色国民经济核算包括自然资源核算与环境核算，其中环境核算又包括环境污染核算和生态破坏核算。环境污染核算，主要包括废水、废气和固体废物污染的实物量核算与价值量核算。

11. **经环境污染调整的 GDP 核算**

　　经环境调整的 GDP 核算，就是把经济活动的环境成本，包括环境退化成本和生态破坏成本从 GDP 中予以扣除，进行调整后一组以"经环境调整的国内产出（Environmentally Adjusted Domestic Product，EDP）"为中心指标的核算。

12. **绿色 GDP**

　　联合国统计署正式出版的《综合环境经济核算手册（SEEA）》首次正式提出了"绿色 GDP"的概念。在理论上，绿色 GDP＝GDP－固定资产折旧－资源环境成本＝NDP－资源环境成本。其中，NDP 是国内生产净值。从上式可看出，绿色 GDP 是与 NDP 相对应，而不是与 GDP 相对应。在本研究中，考虑到在实际应用方面，GDP 远比 NDP 更为普及，因此采用了绿色 GDP 与 GDP 相对应的总值概念，而没有采用净值的概念，即绿色 GDP＝GDP－环境损失成本－资源消耗成本。简单地说，绿色 GDP 就是传统 GDP 扣减掉资源消耗成本和环境损失成本以后的 GDP。绿色 GDP 是一种大众性的提法，较容易被政府官员、公众和媒体接受。